# 中国低层低密度住宅规划设计要点及适用技术

全国工商联住宅产业商会编著

中国建筑工业出版社

**图书在版编目（CIP）数据**

中国低层低密度住宅规划设计要点及适用技术/全国
工商联住宅产业商会编著. —北京：中国建筑工业出版
社，2004

ISBN 7 - 112 - 07070 - 8

Ⅰ. 中... Ⅱ. 全... Ⅲ. ①低层建筑：住宅—建筑
设计—中国②居住区—城市规划—中国 Ⅳ. ①TU241
②TU984. 12

中国版本图书馆 CIP 数据核字（2004）第 130833 号

　　本书介绍了我国低层低密度住宅规划设计要点和适用于低层低密度住
宅的相关技术。

　　本书共分两部分。第一部分根据国内外低层低密度住宅的规划设计原
则和经验编制了我国低层低密度住宅的规划设计要点，包括规划设计原则
和技术经济指标；第二部分根据我国住宅产业化的发展需要编著了适用于
低层低密度住宅的适用技术，主要包括轻钢结构住宅建筑体系、轻型木结
构住宅建筑体系、聚苯板免拆模住宅建筑体系和新能源在住宅中的应用
等。同时还提供了一个实例项目在开发过程中所探索的经验。

　　本书可供房地产开发企业、规划设计机构的建筑师、工程师在低层低
密度住宅开发项目的选址、总体规划、单体设计和建造过程中参考使用。

＊　＊　＊

责任编辑：俞辉群
责任设计：孙　梅
责任校对：王金珠

**中国低层低密度住宅规划设计要点及适用技术**
全国工商联住宅产业商会编著
＊
中国建筑工业出版社出版、发行（北京西郊百万庄）
新 华 书 店 经 销
北京富生印刷厂印刷
＊

开本：787×1092毫米　1/16　印张：8¼　插页：1　字数：200千字
2005 年 1 月第一版　　2005 年 1 月第一次印刷
印数：1—5，100 册　定价：**18. 00 元**
ISBN 7-112-07070-8
TU · 6303(13024)

本社网址：http://www.china-abp.com.cn
网上书店：http://www.china-building.com.cn

# 编 委 会

# 前　言

在我国国民经济和社会发展进程中，住宅产业正处在一个发展战略调整的关键时期。当前，我国住宅产业发展具有以下一些特色：

1. 预计在 2010 年以前，城乡住宅将继续保持快速稳定的数量型增长，住宅产业在促进国民经济增长和拉动消费方面将始终担当重要的角色。但是，目前住宅建设的增长方式仍然属于外延型、粗放型增长，即：一靠资金、资源（如土地资源等）投入，二靠劳动力密集而非技术密集。这种增长方式的弊端主要表现为：开发企业数量过多、规模不大，企业资产负债率过高，因住宅质量问题引发的投诉有增无减，积压、空置房数量居高不下。这种发展态势还容易形成房地产泡沫，务必引起警惕。为了保证住宅建设的可持续发展，保持住宅建设增长的数量和质量，必须重视增长方式的调整，加大住宅产业化力度，以便向集约式、内涵式的增长方式转变。

2. 商品住宅市场趋于成熟，层次供应、层次消费的需求已经提上议事日程。住宅市场的细分将不可避免地要求针对不同的收入阶层、职业、年龄等的差异来提供多品种的、适销对路的住宅。这就使我国当前的住宅市场产生了对经济适用住宅和商品住宅、中、高密度住宅和低层低密度住宅（如 House、Townhouse）等的多样化需求。这种市场需求必将对住宅开发的目标定位和最终产品的质量提出更严格的要求。

3. 随着我国城市化进程的加快，城市郊区、卫星城和中小城镇都将有较快的发展。这类地区的住宅建设模式将不同于城市中心区的发展模式。近年来，对于低层低密度住宅的开发建设、规划设计、技术产品等方面的研究和实践已引起业内瞩目。与中、高密度住宅相比，低层低密度住宅更应强调节地、节能、节水、节材，实施可持续发展战略。当前我国低层低密度住宅的规划设计尚缺少经验，急需加强研究，提出指导性的意见和方案，进而形成建设标准和规范。

4. 在我国住宅建设快速发展过程中，我国的房地产开发企业绝大多数是以项目开发为主体，承担着从立项到交付使用的全过程责任。但是，随着住宅开发企业的成熟和市场竞争的加剧，市场竞争已经从开发项目的竞争发展到企业品牌的竞争，因此，如何形成企业核心竞争力的问题是对开发企业的严峻挑战。由于资本、资源、技术、管理等都可以形成竞争力，有的开发企业筹备上市，有的大量购置土地，有的重组改制。但是，随着知识经济时代的到来，科学技术作为第一生产力，企业之间的竞争在一定意义上变成了生产力的竞争，遵循优胜劣汰的法则，胜出的企业获得了效益增值。这一过程的实质就是将住宅项目开发提升到工业化生产，也就是住宅产业化水平的提高。住宅的建造方式不再仅仅是现场施工制作，大部分工作将进行工厂化预制，最后进行现场装配集成。我国的开发商（Developer）和建造商（Builder）也将逐步分工，最终将会和发达国家一样各司其职。

5. 在我国加入 WTO 之后，国内外住宅产业方面的技术和产品交流活动日趋活跃。这种交流活动尤其集中在低层住宅的整体化生产方面，包括各种住宅建筑体系、各种集成化技术以及绿色建材和建筑设备等。现阶段我国的住宅产业化水平和发达国家相比尚存在着很大的差距，目前国内有些企业采取直接引进的方式，直接购买整套的木制住宅或轻钢住宅，这是创建我国工业化住宅的第一步。为了发展我国的住宅产业，当务之急是要依据国情，选择适用的先进技术，建立工业化住宅的生产基地和生产线，加快技术产品标准与国际接轨的步伐。

纵观国内外的住宅发展史，低层低密度住宅是一个不可或缺的住宅品种，我国也同样存在着它的消费群体和需求。目前许多城市出现了住宅郊区化的趋向，低层低密度住宅大量出现，但由于调查研究不够，缺乏技术指导和规范的约束，呈现出自发、无序、盲目的倾向，出现了占地数亩甚至数十亩、耗资数千万的所谓"豪宅"。显然，这不是我们应该提倡的。为了给我国低层低密度住宅的健康发展做一些铺路工作，我们在2002年邀请了国内外专家、学者研究制订了《中国低密度住宅规划设计要点》，并汇集国内外有关资料，编撰了《低密度住宅新技术推广指南》，合订成册，作为第一版供内部发行，得到业内各界的欢迎和支持。现在，应广大业界人士的要求，我们对第一版进行了补充修订，特别是在"规划设计要点"中增加了生态环境等方面可持续发展的内容，作为第二版，定名为《中国低层低密度住宅规划设计要点及适用技术》，交由中国建筑工业出版社出版、发行，欢迎各界批评指正。

# 目　录

# 工 程 实 例

第一部分

# 中国低层低密度住宅规划设计要点

# 1 总　则

1.1　根据国家推进住宅产业现代化、提高住宅建筑质量和保护生态环境的方针，为加快住宅建设从粗放型向集约型转变，促进住宅科技进步及新产品、新技术的开发、引进和推广，使低层低密度住宅建设规范有序和健康发展，带动工业化生产基地和配套生产线的形成，促进住宅产业现代化，特制订本要点。

1.2　低层低密度住区（简称"住区"）是居住区规划和建设中的一种类型。住区规划应遵循居住区规划的一般规定和原则。低层低密度住宅的规划设计应认真实施可持续发展战略，贯彻节地、节水、节能、节材的方针，应避免污染和破坏环境，与自然融合共存，创造美好的居住环境。

1.3　低层低密度住宅的规划设计应遵循相关的法律法规，并符合国家现行相关有关强制性标准的规定。

1.4　低层低密度住宅的规划设计、建造及部品选用宜参照《中国生态住宅技术评估手册》的有关要求。

1.5　本要点是在引进国外先进成熟的规划设计理念、总结国内外低层低密度住宅建设的经验、考虑我国国情的基础上，为提高我国低层低密度住宅规划设计水平而提出的指导性意见。

1.6　本要点以建筑容积率、建筑密度、建筑层数、建筑高度及空地率来界定低层低密度住宅，并将低层低密度住宅划分为高档独立式住宅（R1）、独立式住宅（R2）、双拼式住宅（R3）和联排式住宅（R4）4 种类型，以便根据不同情况进行规划设计。

# 2 术　语

**2.1** 低层低密度住宅：建筑容积率不大于 0.9，或者套密度不大于 3.5 套/1000m²，层数在三层(含三层)以下、建筑高度低于 12m 的住宅为低层低密度住宅。

**2.2** 住区：在本"要点"中泛指居住区、小区或组团。

**2.3** 住栋：单栋的住宅建筑物。

**2.4** 套密度：每 1000m² 住栋总占地面积所拥有的住宅套数。

**2.5** 栋容积率(FAR)＝住栋建筑面积/住栋占地面积。住栋占地面积是指本栋住宅所占基地界线以内的面积。

**2.6** 空地率(OSR)＝(住栋占地面积－住栋建筑基底面积)/住栋建筑面积。设置空地率的目的是为了保证住栋占地面积内有足够的空地。住栋建筑面积乘以空地率即为必须留下的空地。

**2.7** 建筑占地(Lot)：住栋及其他建筑物占地面积。

**2.8** 屋面覆盖率(Lot Coverage)：住栋屋面覆盖面积/住栋占地面积。

**2.9** 自有空间(Private Space)：住栋占地范围内只供本住栋居民自己使用的区域。

**2.10** 公共空间(Public Space)：所有对公众开放的公有场地和设施。

**2.11** 前院 (Front Yard)：住栋主入口前面到路边的住栋绿地。

**2.12** 侧院(Side Yard)：住栋两侧到另一住户地界或路边的住栋绿地。

**2.13** 后院(Rear Yard)：住栋后面到另一住户地界或路边的住栋绿地。

**2.14** 进入式壁橱(Walking Closet)：可以进入的壁橱小间，供贮存衣物、换装之用。

**2.15** 阁楼(Attic Space)：住栋顶楼、斜屋顶下局部高度低于 2.2m 的空间。

**2.16** 露台(Terrace)：下层房屋的平屋顶做为本层的露天平台。

注：惯用术语未列入本章。

# 3 住 区 规 划

## 3.1 选址

3.1.1 住区的建设场址应选择在符合居住功能要求、市政设施配套或具备市政设施接口条件的地段，选择在城市总体规划所确定的适宜于建设低层低密度住宅的城乡结合部、城市远郊区、卫星城以及中小城镇等地段，优先考虑利用废弃置换的土地，不占用或尽量少占用耕地。

3.1.2 住区应选择适宜于建设的地段，必须离开地质复杂以及滑坡和洪水侵袭的地段，避免地质灾害。

3.1.3 住区必须避开或远离产生有毒有害物质的地段。

3.1.4 住区应靠近城市轨道交通、快速道路等交通便捷的地段（地区），所在地段应出行方便，与城市中心区及地区商业中心应有良好的通达性，但应避免交通、噪声等对住区的干扰。

3.1.5 以下地段（地区）禁止用作住区建设的场地。

- 自然保护区和濒危动物栖息地；
- 林地、绿地和湿地；
- 城市水源保护区范围内。

3.1.6 如利用废弃土地，需进行健康安全评估。

## 3.2 规划布局

3.2.1 低层低密度住区可以为一个独立住区，也可以是集合式住区中一个相对完整的部分。住区规划应依据其所在气候分区和地理位置，符合相关法规和标准规定的通风、日照、采光要求。

3.2.2 住区规划应为居民提供教育、文化、娱乐、健身、医疗、购物、休闲、交往等配套设施，创造方便而舒适的居住条件。

3.2.3 住区规划应尽可能保持和利用原有地形、地貌，注意保护古树名木和天然植被，与自然环境和谐统一，减少因开发而引起对环境的负面影响。

3.2.4 住区规划应对地下水系和形态作出评估，防止破坏地下水系。

3.2.5 住区规划不应破坏住区基地周围的人文环境。

3.2.6 住区用地不宜少于 $2.5hm^2$，或住宅总套数不宜少于 50 套，以形成相对完整的社区。

3.2.7 住区中的 R1、R2、R3 类住宅应为每户提供可作庭院绿化的自有空间，R4 类住宅的上层户也应设有屋顶绿化平台。住区应有充分的公共休闲空间。

3.2.8 应根据不同的住宅类型（如独立式、双拼式、联排式住宅等）体现不同的规划布局特点。联排式住宅拼接长度不应超过 60m 或联拼 8 套。

3.2.9 妥善协调住区内行车与步行的功能关系，应设置与公共绿化空间相结合的步行道，满足居住休憩的需要。

3.2.10　应合理控制建筑密度、容积率、套密度、栋容积率及空地率。

## 3.3　道路与交通

3.3.1　住区道路应与城市道路有较好的衔接，方便对外交通。住区内道路应分级明确，交通组织合理。

3.3.2　车行道路应顺畅、安全、避免对居住活动形成干扰，按照住区规模分为两级（干道、宅前路）或三级（主干道、次干道、宅前路）。

3.3.3　住区道路应满足消防、救护、抗灾、避灾等要求。

3.3.4　合理组织内部交通，减少人车干扰。道路设计应采取措施将机动车速度限制在时速15km以内，以保证人车安全与居住环境的安宁。

3.3.5　为避免行车迂回及对居住活动的干扰，住区宜采用尽端路，尽端路最长不应超过120m。

3.3.6　独立式住宅的停车位不少于1.5车位/户（院内露天停车位按0.5车位计）；双拼式住宅与联排式住宅停车位不少于1.0车位/户，并应设置适量的访客停车位。路面停车位应避免阻挡正门入口。半封闭或全封闭式车库应解决废气的排放问题。露天停车场地宜采用透水性铺装。

## 3.4　住宅群体

3.4.1　应根据住宅类型确定住区规划的相关指标，见表3-1。

住区规划的相关指标　　　　　　　　　　　　　　　　表3-1

| 代号 | 住宅类型 | 建筑面积（m²/套） | 栋容积率（FAR） | 空地率（OSR） | 套密度（套/1000m²） | 建筑层数（层） | 建筑高度（m） |
|---|---|---|---|---|---|---|---|
| R1 | 高档独立式住宅 | ≥350 | ≤0.35 | ≥2.0 | ≤1.0 | ≤3 | ≤12 |
| R2 | 独立式住宅 | 200～350 | ≤0.50 | ≥1.5 | ≤1.5 | ≤3 | ≤12 |
| R3 | 双拼式住宅 | 180～260 | ≤0.55 | ≥1.2 | ≤2.0 | ≤3 | ≤12 |
| R4 | 联排式住宅 | 150～200 | ≤0.75 | ≥0.75 | ≤3.5 | ≤3 | ≤12 |

注：1. 规模大于500m²/套的住宅不在本"要点"范围内。

2. 建筑层数是指地面以上的自然层。

3. 如有叠拼式住宅或公寓式住宅，其总建筑面积不得大于低层低密度住宅总建筑面积的20%，层数不大于4层，高度不大于15m。

3.4.2　混合式住区应区别对待不同类别住区（如低层低密度住区和一般住区）的用地划分和群体组合方式。

## 3.5　绿地与户外环境

3.5.1　公共绿地和广场应根据住区居住人口规模设置，以保证足够的休闲空间，水体所占总绿地的比例不宜过大。

3.5.2　住区公共绿地不宜低于总用地面积的10%，绿地布置应结合地形地貌，水面应以人工湿地为主。

3.5.3　住区公共广场硬质铺装不应超过广场总面积的50%，广场应设置固定座椅和庭院照明。

3.5.4　住区绿地宜以草坪、灌木和乔木相结合的绿化模式为主，乔木（株）、灌木

（株）、草坪(m²)、绿地(m²)的比例宜为 1∶6∶20∶30，即在 30m² 绿地中宜按 20m² 草坪、6 株灌木和 1 株乔木混合配置。

- 绿地率不应小于 35%，绿地本身的绿化覆盖率不应小于 70%。
- 合理的树种搭配：乔木量≥3 株/100m² 绿地，立体或复层种植群落占绿地面积≥20%。三北地区木本植物种类≥40 种；华中、华东地区木本植物种类≥50 种；华南、西南地区木本植物种类≥60 种。应计算不同绿化方式对二氧化碳的固定量，择其优者实施。

3.5.5 住区内必须设置道路照明，路灯高度不应大于 3m，间距不应超过 15m，必须采用节能灯；人行道路照明设置应避免炫光和照射入户。

**3.6 综合设施配套**

3.6.1 住区应优先考虑节能型户式中央空调，住宅空调机组等所有户外设备必须做隐蔽设计，合理布置冷媒管线，冷凝水应有组织排放。

3.6.2 如采用集中供热、采暖，应分户计量，提倡采用地源热泵采暖空调系统。

3.6.3 住区各类管线设置应进行综合规划，集中布置，应采用综合布线与智能化系统。

**3.7 住区生态环境质量保障**

3.7.1 应保护自然资源和生活环境，维护原有自然生态系统的平衡。

3.7.2 应充分考虑自然环境、人文环境的可持续发展，保护、继承和发扬优秀的文化传统，规划设计提供具有地方特色。

3.7.3 提高住区大气环境、水环境和声、光、热环境质量，减少噪声对居住环境的影响，保障居民身心健康。

3.7.4 住区规划应有利于空气流通，保证空气质量，应减少住区内集中和分散的污染源，其排放应有利于扩散，经实测空气中有害物质含量应不超标。

3.7.5 住区环境噪声应符合《城市区域噪声标准》（GB 3096—1993）的要求：白天小于 55dB(A)，夜间小于 45dB(A)。

3.7.6 住区规划应符合《城市居住区规划设计规范》（GB 50180—93）(2002 年版)和当地规定的日照间距标准。

3.7.7 应采取有效的建筑节能措施，尽可能利用可再生的清洁能源，以提供健康、舒适的室内热环境。在采暖地区，应充分利用日照作为冬季采暖的补充。

3.7.8 应结合当地水资源状况和气候特点，制定水环境规划，保证提供安全、卫生的生活用水、环境绿化用水和娱乐景观用水；综合采取节水、分质供水、雨水利用及水回用措施。

3.7.9 应利用绿地达到住区保水、调节气候、吸纳雨水、降低污染、消减噪声的目的，以满足住区居民亲近自然的需求，满足住区生态功能、休闲活动功能、景观文化功能的要求。

3.7.10 应实行垃圾分类收集、清运，以便进行必要的处理、处置和综合利用。

3.7.11 住宅的安全防范应采取智能监控等措施，不应在窗外安装防护栅栏。

3.7.12 住宅院落应开敞，提倡以种植绿篱作为围栏。

**3.8 改善住区微环境**

3.8.1 应通过规划布局、园林绿化和建筑设计减少热岛效应，使其对局部气候、居住环境的影响降到最低程度，保证在冬季和夏季都有舒适的室外活动空间。

3.8.2　提高基地的保水性能，减少不透水地面的比例。保证住区内温度、湿度、风速和热岛强度等各项评价指标符合舒适、卫生、健康和节能要求。

3.8.3　应利用适应当地气候条件的乔木、大灌木丛、植被格栅或者有植被覆盖的构筑物提供遮阳；尽量用有植被覆盖的建筑表面、地面代替硬质建筑表面和地面。

## 3.9　技术经济指标

3.9.1　住区技术经济指标应包括用地平衡表和综合技术经济指标。

3.9.2　住区技术经济指标的内容和计算方法应符合《城市居住区规划设计规范》(GB 50180—93)(2002 年版)的有关规定以及本要点表 3-1 的规定。

# 4 住宅设计

## 4.1 基本原则

**4.1.1** 住宅设计必须遵守《住宅设计规范》(GB 50096—1999)(2003 年版),并应参照相关设计标准、通则、导则。

**4.1.2** 住宅设计应满足居民多样化的生活行为需要,符合舒适、健康、卫生、安全、节能、经济等要求。

**4.1.3** 住宅设计应按照全寿命周期原理,充分满足住宅的适用性能、安全性能、耐久性能、环境性能、经济性能。

**4.1.4** 住宅设计应突出强调均好性、多样性、协调性、健康性、适应性。

均好性——要求从户型、居住环境、景观、公用设施、设备配置、材料部品的选择和物业管理等各方面使每家住户都能享受到同等回报。

多样性——注重住区住户的多层次、多方面的需求,考虑建筑风格、户型设计、空间组合、色彩构成等的多样性。

协调性——注重住宅与历史文化相协调,与时代精神相一致,与未来发展相适应,与周边环境相融合。

健康性——考虑室内居住环境对人体健康有益,采用环保材料以保证居住者健康、舒适的要求。

适应性——注重室内空间布局的灵活性,以与未来住户需求的变化相适应。

**4.1.5** 住宅设计应积极采用新技术、新材料、新产品、新工艺,促进住宅产业化。

**4.1.6** 住宅设计应以人为核心,除满足一般居住使用要求外,应根据需要满足老年人、残疾人的特殊使用要求,尽可能做到无障碍设计,可根据住户需要设置或预留简易电梯。

## 4.2 户型设计

**4.2.1** 住宅户型的组成,见表 4-1。

住 宅 户 型 组 成    表 4-1

| 住宅组成空间 | 礼仪空间 | 入口门厅、客厅(R1、R2 住宅宜设大小两个客厅)、餐厅、盥洗室 |
|---|---|---|
| | 交往空间 | 早餐室、厨房、家庭室、阳光室、健身室、工作室(书房)、游泳池(室内或室外) |
| | 私密空间 | 主卧室、卫生间、次卧室、客房、兴趣房间(R1、R2 住宅宜设)、工人房(R1、R2 住宅宜设) |
| | 功能空间 | 洗衣间、贮藏室、车库、地下室、设备间、阁楼 |
| | 室外空间 | 前院、后院、侧院、露台、硬地、绿地、小品 |

**4.2.2** 厅、卧室、家庭室、厨房、工作室以及至少一个卫生间应有直接采光、自然通风。

**4.2.3** 合理组织户内各空间的平面布局，动静分区，洁污分区，合理设计公共空间与私密空间、就餐空间与居寝空间、便浴空间与盥洗洗涤空间的关系。

**4.2.4** 每户住宅宜设生活阳台、服务阳台和露台，也可设阳光室，必须设置贮藏间。

## 4.3 各组成空间的设计要点

### 4.3.1 门厅
- 入口空间应便于大体积家具的出入。
- 门厅宜包括换鞋空间和壁柜空间。
- 门厅可留出表现居住者个性的空间。

### 4.3.2 客厅
- 客厅的大小应与户型的规模及卧室数量相协调。
- 客厅的形状应与住户使用要求和家具布置相协调。
- 客厅多与阳台连接，应组织好通过阳台与室外空间的联系。
- 当设有两个客厅时，应在面积和性质上有所区分。
- 客厅宜为相对独立的空间，如与其他空间相连通，应确保客厅使用的相对独立性。
- 客厅空间的高度应与其大小相协调，如采用复合空间设计，应强化空间之间的流动性、连贯性。

### 4.3.3 餐厅
- 餐厅应与厨房有便捷的联系，可与厨房连通设计。
- 如餐厅与客厅连通设计，则应合理组织与厨房、客厅的交通联系。
- R1、R2类型住宅应设置独立的餐厅。

### 4.3.4 家庭室
- 家庭室应与客厅分开设置，宜靠近餐厅或卧室区。
- 家庭室面积应小于客厅。

### 4.3.5 卧室
- 主卧室应由卧室、卫生间和进入式壁橱组成。理想的主卧室包括5个部分，即睡区、坐区、卫生区、盥洗梳妆区和壁橱区。
- 卧室睡区应光线柔和，并至少有一面实墙。所有的卧室不宜直接和洗衣间共同使用一面墙，以免受噪声影响。
- 卧室坐区和睡区宜分开布置。坐区可以靠近阳台或室外空间，也可布置在靠近窗户的地方，以便人们坐观室外景色。
- 进入式壁橱的门应向外开。
- 每户卫生间不少于2.5个，并应将便溺、洗浴、洗漱、洗衣等功能适当分离，以减少互相干扰；无洗浴设施的卫生间按0.5个计。
- 卧室的盥洗梳妆区应设置贮存化妆品等日常用品的壁橱。
- 次卧室的房门应布置在靠近过厅的卫生间附近，内部宜布置普通型壁橱。
- 客房在平时可作为休闲活动空间；客房应布置在靠近住宅入口处，应有独用卫生间。

### 4.3.6 厨房
- 厨房大小应与户型规模相协调，宜占户型面积的5%～8%，不应小于7m²。

- 厨房空间应满足卫生、高效和舒适的要求。
- 位于首层的厨房应有单独的出入口、小院，并与工人房联系方便。
- 厨房可采用开敞式、半开敞式、封闭式等布置形式。
- R1、R2 类型住宅的厨房宜设置早餐空间。
- 厨房应采用整体设计的方法，综合考虑操作顺序、设备安装、管线布置等要求。厨房操作台的排列和构成为：准备台→洗池→调理台→炉灶台→配餐台。
- 厨房应具有良好的自然通风和直接采光。
- 厨房应考虑冰箱和碗柜的位置，厨房与用餐空间应有便捷的联系。
- 厨房应设置风道，防止共用排气竖风道的逆向回流，应在机械通风和自然通风两种状态下都能正常使用。燃气热水器应设置独立的排气系统。
- 厨房的装修材料要有耐火性和防水性，又易于清洁和维修。

### 4.3.7 卫生间

- 卫生间的大小与数量应与户型的规模相协调。主卫生间不应小于 $6m^2$，次卫生间不应小于 $4.5m^2$。
- 卫生间应满足卫生、舒适的要求。
- 卫生间应采用整体设计的方法，综合考虑使用顺序、设备安装、管线布置等要求。
- 卫生间应具有良好的通风，至少一个卫生间有直接采光。暗卫生间应设竖向风道，采用机械排风。

### 4.3.8 设备间

有条件的住宅可单独设洗衣房和设备间，提供安装供热、热水、管道、洗衣、户式空调、中央吸尘等空间。

### 4.3.9 阳台与露台

- 南面阳台不宜封闭，北方地区如按封闭式设计，则应降低阳台板高度增加玻璃面积，并可兼做阳光室。
- 室外平台和露台的设置应满足舒适、安全的原则，可作为室内空间的延续，可进行儿童游戏、室外就餐、家庭聚会、植物种植等活动。

### 4.3.10 室内楼梯

- 室内楼梯设计应满足安全、方便、舒适、美观的原则。
- 室内楼梯段的净宽应≥900mm，各种异型楼梯的设计应符合国家相关设计规范的要求。

## 4.4 建筑设备

**4.4.1** 住宅应设给水(冷、热)、排水、供电、电讯、燃气、供(冷)暖和除尘等系统，各种设备与管线要采取综合设计、统一施工，符合相关专业规范的要求。

**4.4.2** 各种设备管线应相对集中布置，合理占用空间。

**4.4.3** 公寓式住宅中的公共管道不宜布置在户内，其阀门和需要经常操作的部件，应设在公用部位。

**4.4.4** 智能化住宅应实行综合布线，合理设置接口或插头。

## 4.5 室内环境

**4.5.1** 室内空气质量应符合《室内空气质量标准》(GB/T 18883—2002)的规定。

**4.5.2** 各功能空间(卫生间中至少有一个)应具有与室外相通的外窗，可开启面积应不小于整窗面积的 25％。门窗开启时室内应形成自然风，户内 90％以上的居住空间应能自然通风。

**4.5.3** 应保证住宅室内基本的热环境质量，采取保温隔热和节约采暖、供冷能耗的措施。

**4.5.4** 应充分利用自然光资源，根据不同光气候区的要求确定合理的室内采光系数和窗地面积比，日照应符合《城市居住区规划设计规范》（GB 50180—1993）（2002 版）的规定，室内采光应符合《建筑采光设计标准》（GB/T 50033—2001）的要求。室内照明质量应达到不同房间各自使用功能的要求，合理设置室内光源位置，采用节能灯具。应选用高透光率建筑外窗玻璃，可利用遮光板或反射板对太阳光进行调节，提高住宅光环境质量。

**4.5.5** 应采取措施控制住宅室内外的噪声，加强住宅建筑自身的防噪声设计，合理选择建筑构件和材料。不同房间噪声级值应符合规范的要求。

**4.6 建筑结构和建筑构造**

**4.6.1** 结构设计应满足安全性、耐久性、经济性和灵活性的要求。

**4.6.2** 应采用新型工业化的住宅建筑体系，可采用轻钢结构、木结构及混凝土空心砌块等技术。

**4.6.3** 材料的选择应以可再生材料和绿色环保材料为主。

**4.7 室内装修**

**4.7.1** 住宅装修应实行专业化设计与施工。

**4.7.2** 应实行一次性装修到位，合理确定装修档次，提倡住户参与装修设计，避免入住后再次装修对结构、管线等的损坏和造成环境污染。

**4.7.3** 住宅装修部品应尽量做到工厂化生产，配套供应，现场组装，减少现场手工作业。

**4.7.4** 住宅装修必须选择对人体无害的环保材料，所用室内装饰装修材料必须符合相应产品质量国家标准，其中对材料所含有害物质的要求必须符合《室内装饰装修材料有害物质限量》（GB 18580—18588—2001）和《建筑材料放射性核素限量》（GB 6566—2001）的要求。室内装饰装修材料对室内空气质量的影响必须符合《室内空气质量标准》（GB/T 18883—2002）的要求。同时应考虑选择防滑、易于清洁及维护方便、安全、耐久的材料，并应符合《建筑内部装修设计防火规范》（GB 50222—95）的规定。

**4.8 建筑节能**

必须执行《民用建筑节能设计标准》。应结合不同地区气候和住宅建筑能耗特点，利用可再生能源，采取各种有效节能途径，从整体上降低建筑的能耗，降低住宅全年耗热量、耗冷量指标。

**4.9 建筑材料**

从全寿命周期评价所用建筑材料的资源消耗，应对所用建筑材料的能源消耗、环境影响做出技术分析与评价。

**4.10 技术经济指标**

**4.10.1** 住宅设计应计算下列技术经济指标：

·各功能空间使用面积（m²）；

·户内使用面积（m²/户）；

- 公寓式住宅(标准层)总使用面积(m²);
- 公寓式住宅(标准层)总建筑面积(m²);
- 公寓式住宅(标准层)使用面积系数(%);
- 每户建筑面积(m²/户);
- 每户阳台面积(m²/户)。

**4.10.2** 低层低密度住宅设计建议指标、厨房、卫生间设施配套、电器设备及网络标准和室内环境质量标准。

低层低密度住宅设计建议指标见表 4-2,厨房、卫生间配套设施见表 4-3,电器设备及网络标准见表 4-4,室内环境质量标准见表 4-5。

低层低密度住宅设计建议指标　　　　　　表 4-2

| 住宅类型代号<br>项目 | | R1 | R2 | R3 | R4 |
|---|---|---|---|---|---|
| 每套建筑面积(m²) | | ≥350 | 200~350 | 180~260 | 150~200 |
| 各组成空间使用面积参考指标(m²) | 门　厅 | ☆3~5 | ☆3~5 | ☆3~5 | ☆ |
| | 客　厅 | ☆≥40 | ☆≥30 | ☆≥25 | ☆≥25 |
| | 厨　房<br>(含早餐室) | ☆≥16 | ☆≥16 | ○ | ○ |
| | 厨　房<br>(不含早餐室) | | ☆≥9 | ☆≥7 | ☆≥7 |
| | 餐　厅 | ☆≥15 | ☆≥10 | ☆≥10 | ☆≥10 |
| | 家　庭　室 | ☆≥18 | ☆≥15 | ○ | ○ |
| | 主　卧　室 | ☆≥20 | ☆≥20 | ☆≥15 | ☆≥15 |
| | 双　人<br>次　卧　室 | ☆≥15 | ☆≥12 | ☆≥12 | ☆≥12 |
| | 单　人<br>次　卧　室 | ☆≥10 | ☆≥8 | ☆≥8 | ☆≥8 |
| | 工作室(书房) | ☆ | ☆ | ○ | ○ |
| | 兴　趣　房　间 | ★ | ★ | ○ | ○ |
| | 工　人　房 | ☆6~8 | ☆6~8 | ○ | ○ |
| | 健　身　房 | ☆ | ★ | ○ | ○ |
| | 主　卫　生　间 | ☆≥6 | ☆≥6 | ☆≥6 | ☆≥4.5 |
| | 次　卫　生　间 | ☆≥4.5 | ☆≥4.5 | ☆≥4.5 | ☆≥4.5 |
| | 阳　光　室 | ☆ | ★ | ○ | ○ |
| | 洗　衣　间 | ☆3~5 | ★ | ○ | ○ |
| | 设　备　间 | ☆3~5 | ★ | ○ | ○ |
| | 贮　藏　室 | ☆≥5 | ☆≥5 | ☆≥5 | ☆≥2 |
| | 车　库 | ☆≥18 | ☆≥18 | ○ | ○ |
| | 室　内<br>(室外)游泳池 | ☆ | ★ | ○ | ○ |

注:☆代表必须设置;★代表建议设置;○代表可设可不设。

**厨房、卫生间配套设施**　　　　　　　　　　　　　　　　　表 4-3

| 部　位 | 类　型 | 配　套　设　施 |
|---|---|---|
| 厨　房 | 双列型 | 灶台、调理台、洗池台、搁置台、吊柜、冰箱位、排油烟机 |
| | L型 | 灶台、调理台、洗池台、搁置台、吊柜、冰箱位、排油烟机 |
| | U型 | 灶台、调理台、洗池台、搁置台、吊柜、冰箱位、排油烟机 |
| 卫生间 | 四件套 | 浴缸、淋浴间、洗面盆、坐便器、镜（箱）、自然换气（风道） |
| | 三件套 | 浴缸或淋浴、洗面盆、坐便器、镜（箱）、自然换气（风道） |
| | 二件套 | 洗脸盆、坐便器、机械换气（风道） |

**电器设备及网络标准**　　　　　　　　　　　　　　　　　表 4-4

| 类　别 | 设　备　标　准 | | |
|---|---|---|---|
| 电气设备 | 入户导线截面面积 | ≥16mm² | |
| | 户内用电回路 | ≥8 | |
| | 电源插座（个） | 主卧室 | ≥4 |
| | | 次卧室 | ≥3 |
| | | 厨　房 | ≥6 |
| | | 客　厅 | ≥4 |
| | | 家庭室 | ≥3 |
| | | 工作室 | ≥4 |
| | | 卫生间 | ≥2 |
| | 电视插口 | 3～4个（主要使用房间和厨房应设置） | |
| | 电话 | 2路 | |
| 网　络 | 入户带宽 | 10Mkps | |
| | 客厅、主卧室、次卧室、家庭室、工作室各设1个网络接口插座 | | |

**室内环境质量标准**　　　　　　　　　　　　　　　　　表 4-5

| 类　别 | | 质　量　标　准 | |
|---|---|---|---|
| 照　明 | 起居厅及一般活动区 | | 30～70lx |
| | 卧室、书写阅读 | | 150～300lx |
| | 床头阅读 | | 70～150lx |
| | 餐厅、厨房 | | 50～100lx |
| | 卫生间 | | 25～50lx |
| | 楼梯间 | | 15～30lx |
| 隔　声 | 空气隔声 | 分户墙、楼板 | 45～50dB |
| | 撞击隔声 | 分户墙、楼板 | 75～65dB |
| 室内温度 | 冬　季 | 采暖区 | 20±2℃ |
| | | 非采暖区 | |
| | 夏　季 | 不大于28℃ | |
| 日照（按不同地区区别对待） | | 日照标准应符合《城市居住区规划设计规范》（GB 50180—93）（2002年版） | |

# 参 考 文 献

1.（日）彰国社，集合住宅实用设计指南刘东卫，马俊，张泉译，中国建筑工业出版社，2001.6
2. 日本建筑学会建筑设计资料集成(综合篇)雷尼国际出版有限公司，2002.9

## 参考标准和规范依据

1.《国家康居示范工程建设技术要点》
2.《2000 年小康型城乡住宅科技产业工程城市示范小区规划设计导则》
3.《中国生态住宅技术评估手册》(2003 年版)
4.《全国住宅小区智能化系统示范工程建设要点与技术导则》(试行稿)
5.《纽约市低密度区域法》
6.《加拿大城市设计导则》
7.《住宅设计规范》(GB 50096—1999)(2003 年版)
8.《城市居住区规划设计规范》(GB 50180—93)(2002 年版)
9.《民用建筑工程室内环境污染控制规范》(GB 50325—2001)

# 第二部分

## 中国低层低密度住宅适用技术

# 综　述

在住宅产业现代化的进程中，低层低密度住宅具有率先实现住宅产业化的优势。为了适应市场需要，加快我国低层低密度住宅的发展步伐，使之从现场人工建造的劳动力密集型产业向工业化生产的技术密集型产业方向转化，最终建立起我国的住宅产业基地，我们特邀请有关专家对国内外集成化优良住宅产品进行了初步研究整理，撰写成本"适用技术"，供房地产开发企业和部品生产商在进行低层低密度住宅建造和部品生产时参考和选择。

住宅建筑体系是以某种结构形式为特征的住宅建筑的成套工业化建造技术。这里集中推介了轻钢结构、木结构、高强水泥复合墙体和免拆模现浇混凝土等建筑体系。这里所选的建筑体系和产品均为国内外的先进成熟技术和集成化程度较高的优良产品，不仅工业化程度高，而且性能价格比优越，具有推广价值。对于砌块建筑，虽然它的工业化程度较低，但作为当前一种取代砖混结构较为合适的结构形式，在低层住宅中尚有一席之地，也一并予以推介。

这里仅介绍了国内外低层低密度住宅先进技术的一部分，对其他先进建造技术和新产品，我们将继续予以关注，采用适当方式予以推介。

# 第1章 轻钢结构住宅建筑体系

## 1.1 概述

采用轻钢结构建造住宅，在国外已经非常普遍。目前，国外用于建造住宅的轻钢结构建筑体系大致有两大类，即：以冷弯薄壁型钢构件作为基本承重杆件的冷弯薄壁型钢结构体系和以轻型钢梁-钢柱作为承重构件的轻钢框架建筑体系。本章仅介绍冷弯薄壁型钢建筑体系中的"MST冷弯薄壁型钢结构住宅建筑体系"和加拿大的冷弯薄壁型钢小桁架建筑体系。轻钢结构作为一种新型的住宅建筑体系，相比传统建筑有很多优势，其特点为：

1. 重量轻、强度高。用轻钢结构建造的住宅重量是钢筋混凝土的1/3左右。可满足住宅大开间的需要，使用面积比钢筋混凝土住宅增加10％～15％左右。

2. 抗震性能好。冷弯薄壁型钢结构体系通常设计成密肋柱并用木质板材蒙皮的板肋构造，这种构造整体性能好，不易被地震力所破坏。

3. 建造速度快。轻钢结构符合住宅产业化发展方向，构件在工厂预制，减少了现场湿作业量，节约运输成本，施工周期短（大约缩短一半），并且可以冬季施工。

4. 质量好。轻钢结构住宅各种构件工厂化制作，质量和精度有保障，安装方便，并且易与相关产品、设备配合。

5. 方便安装各种管线。轻钢结构墙体是中空的，在墙体完工前就可以方便快捷地在其中安装各种管线，从而解决了中国传统公寓和别墅中的一个大问题——裸露在室内的管线影响房屋内部美观。

6. 环保性能好。钢材可回收利用，建造和拆除时对环境影响少，其他配套材料也可大部分回收，符合环保的要求；而且，大部分材料为绿色建材，能满足生态环境要求，有利于健康。

7. 保温性能好。轻钢结构房屋墙体及屋面大多采用玻璃棉为保温隔热材料，有良好的保温隔热效果。用在外墙的保温板，能有效地避免墙体的"冷桥"现象，进一步改善房屋的保温隔热性能。100mm左右厚的R19保温棉热阻值相当于1m厚的砖墙。

8. 我国是钢产量大国，材料易于获得。

## 1.2 MST冷弯薄壁型钢结构住宅建筑体系

"MST冷弯薄壁型钢结构住宅建筑体系"是建设部2002年科研攻关项目（钢结构住宅建筑体系与关键技术）之一，并于2003年11月通过建设部科技司的技术鉴定。鉴定意见认为研究成果达到了国内先进水平，可以在实际工程中使用（见建科鉴字［2003］第057号文）。

MST体系是在引进美国技术的基础上，按照我国现行规范进行技术改造，并对围护结构、隔声、防火、防腐等专项技术进行技术创新和再设计完成的。

本章介绍的MST冷弯薄壁型钢结构，与国家标准《冷弯薄壁型钢结构技术规范》（GB 50018—2002）定义的冷弯薄壁型钢结构有所不同。前者专指用于低层住宅（或低层民用建筑）的轻钢结构建筑体系，构件材料采用0.8～1.8mm热浸镀锌钢板。后者可以应用在任何建筑类别，构件材料采用1.5～6mm的裸钢板。

MST冷弯薄壁型钢结构住宅建筑体系适用于低层低密度住宅（图1-1、图1-2），同时也可用于别墅、独立式住宅及小城镇建设，低层公用建筑（如小型医院、学校、商场）等。

图1-1

图1-2

1. 技术指标

MST冷弯薄壁型钢结构低层住宅最大设计风速为170km/h，雪荷载3.35kN/m²。建筑体系的技术指标为：

· 抗震设防烈度8度
· 复合外墙的耐火极限≥1.0h
· 复合外墙的传热系数≤0.36W/(m²·K)
· 围护结构（含门窗）的隔声≥45dB
· 楼板撞击声隔声标准的计权标准化撞击声压级为一级

MST冷弯薄壁型钢结构具有4个突出的技术特征：一是构造特征，它是以C型钢与U型钢作为基本结构构件。这种构件工艺性好，节点连接方便，因此在墙转角处不会出现像H型钢结构那样多余的外露柱；二是材料特征，它采用的是0.8～1.8mm带有金属保护层的钢板为构件材料，不同于其他钢结构采用的裸钢材料，因此钢构件抗腐蚀性能好；三是构件强度特征，它的强度是材料在冷弯加工成型时的形变强化强度，屈曲强度很高，比其他钢结构材料本身的热轧状态强度高得多；四是连接特征，它的任何节点都不采用焊接或螺栓连接的方式，而是采用自攻螺钉。这种"肉长肉"式的连接工艺的效果是使螺钉与被连接构件之间没有间隙，连接强度高，保证了结构的可靠性，弥补了其他钢结构采用的焊接或螺栓连接方式带来的强度降低或扭矩不易控制等缺陷。

除上述构件强度原理与结构构造原理以外，在建筑方面，通常以采用功能材料建造围护体系为基本方式。比如，围护墙设计成复合墙，由保温层、吸声层、隔声层、防水层和防火层等不同的功能材料组成，达到围护的目的。

2. 建筑结构和建筑构造

MST体系是建筑主体、装饰和设备三者有机的统一体，其组成如图1-3所示。MST体系以C型钢与U型钢为基本杆件，组合成主体结构中的梁、柱、屋架，杆件之间采用自攻螺钉连接。构件分类见图1-4。结构系统由钢结构和木质结构板构成，俗称"板肋结构"，如图1-8所示。钢结构是3种基本整体构件，即墙架、梁架和屋架的组合。构成墙架、梁架和屋架的单个杆件，在工厂制造，在工地安装。安装时，通常还要采取加强柱等构造措施。墙体、楼板、屋顶等部位采用防潮、保温、隔声、防火等材料作构造处理。

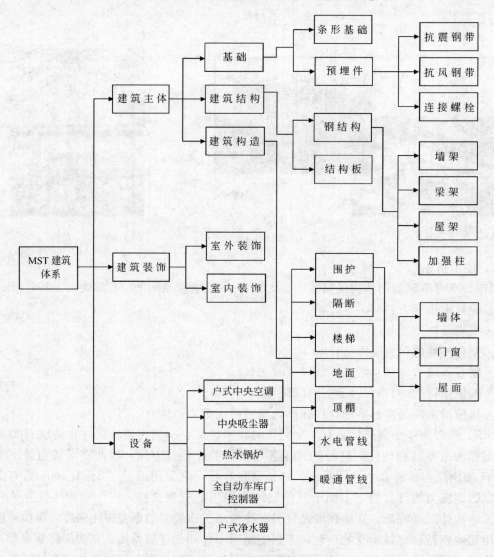

图 1-3　MST 体系的组成

（1）主要材料和构件

1）冷弯型钢构件

构件分类见图1-4。

单个构件、组合构件和整体构件形式见图1-5、图1-6和图1-7所示。

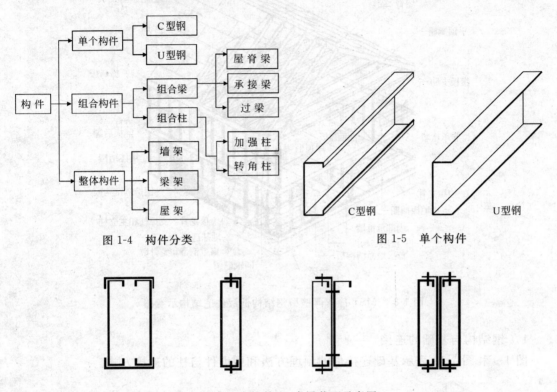

图 1-4　构件分类

图 1-5　单个构件

图 1-6　组合构件（组合梁截面示意图）

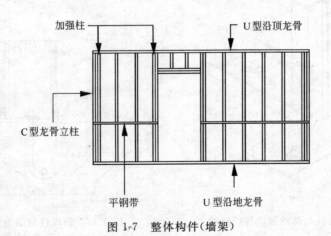

图 1-7　整体构件（墙架）

2）结构板

结构板通常采用定向刨花板（OSB）或胶合板，它用于墙架外侧、梁架搁栅上方、屋架外侧，采用自攻螺钉紧固。

（2）主体结构

主体结构包括基础、墙架、梁架、屋架的构造连接等，其中在墙体、地板、屋面上都安装有结构板见图 1-8 所示。

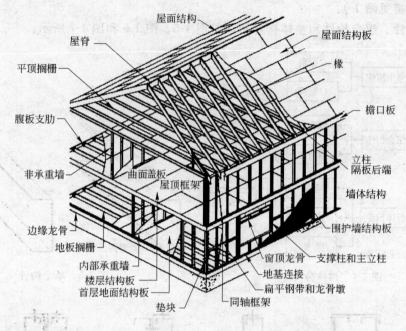

图 1-8　MST 冷弯薄壁型钢结构低层住宅结构示意图

1）钢结构与基础的连接

图 1-9 和图 1-10 表示基础连接件的预埋方法和预埋件与柱的连接方式。

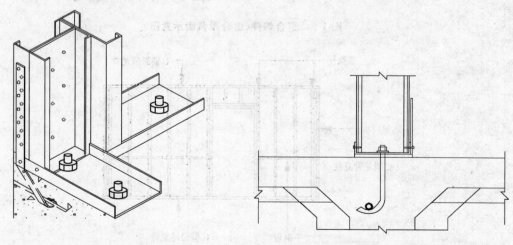

图 1-9　墙转角柱与基础预埋件的连接　　　图 1-10　预埋件与沿地龙骨的连接

2）墙架

承重墙架由沿顶龙骨、沿地龙骨、密肋柱和转角组合柱组成。墙架各部分构造如图 1-11 所示。墙架承受垂直荷载、水平风荷载和地震力，应将 C 型龙骨刚度大的主平面设置于承受水平力方向，如图 1-12 所示。

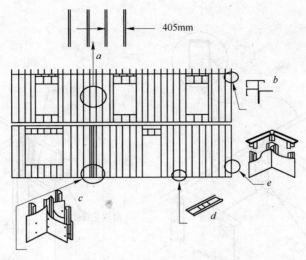

图 1-11 承重墙构造示意图

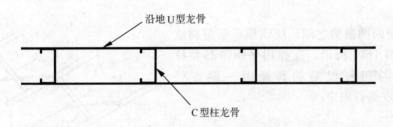

图 1-12 承重墙龙骨排列设置

承重墙转角宜采用加强柱，应用 3 根或以上 C 型柱构件组合构造，如图 1-13 所示。

墙架安装调整结束后，应立即加装 X 支撑。X 支撑的数量和位置在结构计算时确定。图 1-14 是 X 支撑的示意图。

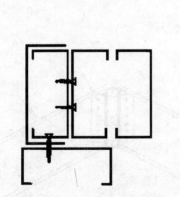

图 1-13 承重墙转角基本构造

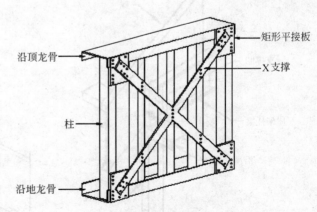

图 1-14 承重墙支撑构造示意图

3）梁架

梁架由搁栅梁和主梁构成，如图 1-15 所示。搁栅梁与墙柱的构造如图 1-16 所示。主梁承受纵向荷载，同时承受搁栅梁传递的弯矩，宜采用组合构件。组合梁的组合方式应由计算确定。

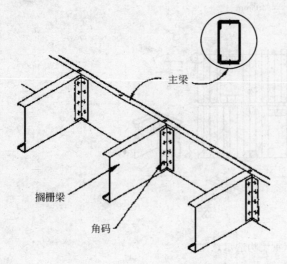

图 1-15　主梁与搁栅梁的构造

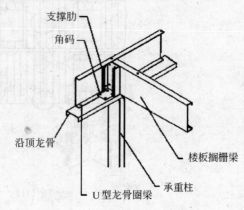

图 1-16　搁栅梁与墙柱的构造

组成搁栅的搁栅梁之间，应该用平钢带构成 X 支撑，如图 1-17 所示。支撑用平钢带必须拉直拉紧，并与每一根梁的翼缘用一颗直径 4.2mm 的自攻螺钉固定。

4）屋架

屋架系统由屋架托梁、椽和支撑组成，也可以设置屋脊梁。屋架托梁与椽的连接应使用支撑肋，如图 1-18、图1-19所示。

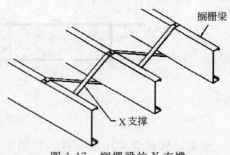

图 1-17　搁栅梁的 X 支撑

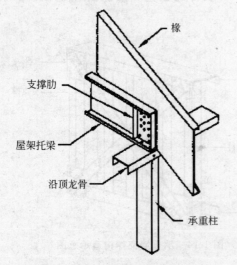

图 1-18　屋架托梁与椽的构造

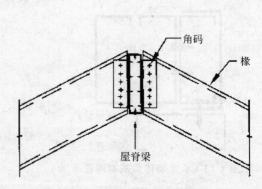

图 1-19　屋脊梁与椽的构造

椽与椽之间采用 C 型龙骨、U 型龙骨或平钢带连接，图 1-20 是采用平钢带的设置。

连接平钢带与椽的自攻螺钉螺纹直径不应小于 4.2mm。

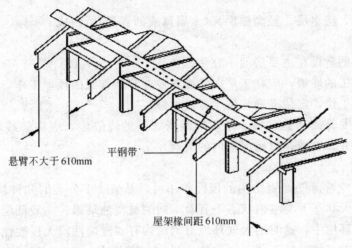

悬臂不大于610mm
平钢带
屋架椽间距610mm

图 1-20　椽的连接

（3）围护结构

1）外墙构造作法见图 1-21。

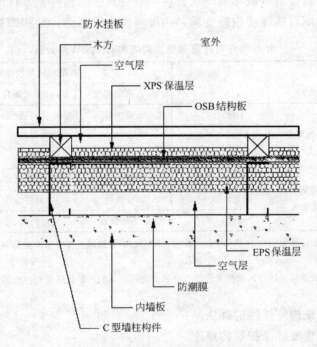

防水挂板
木方
空气层
室外
XPS 保温层
OSB结构板

EPS保温层
空气层
防潮膜
内墙板
C 型墙柱构件

图 1-21　围护墙构造示意图

· 在墙架内放置保温棉，用于保温、隔热及隔声；
· 在龙骨室内侧铺一层防潮膜（PVC 片材），用于隔绝室内外的潮气；
· 在防潮膜里侧铺内墙板（ASA 泡沫水泥条板或其他板材），用作内装修基层；
· 龙骨室外侧铺 XPS 挤塑板，用于保温、隔热及隔声；

· 外侧做装饰面层。

2）屋面

屋面由望板、防水层、轻型屋面瓦（金属瓦或沥青瓦）所组成。

3）配套管线

· 配套管线的敷设在主要房间不宜明露；

· 在工厂加工的墙板，应在工厂内完成各专业穿墙管线的预埋工作，运抵现场后将接口对应连接，施工快，定位准确，便于今后维修；

· 采用轻钢龙骨或其他砌块、条板等现场施工的内隔墙，应将管线埋于地面或隔墙内，或集中走管井、管墙，以确保室内的美观。

4）防腐设计

外部条件对冷弯薄壁型钢结构的侵蚀作用可以从表 1-1 分类的几种情况中体现出来。钢结构构件在露天状态下与室内状态下有着不同的被侵蚀结果。一般低层住宅通常处在农村或城市郊区的环境中，这时的大气环境对钢结构有弱侵蚀性或无侵蚀性。但是，当环境的相对湿度增大时，情况就不同了。比如，住宅在使用时，日常生活产生的湿气能侵入到钢结构构件周围且不易散去，造成局部环境湿度变大，镀锌保护层将缓慢地被氧化。如果构件表面有划痕，钢基板外露，形成 Zn-Fe 原电池，在电解质水的作用下，镀层的氧化腐蚀就会加快进行。镀锌层被破坏到一定程度，就会失去对构件钢基体的保护能力，钢铁材料也就开始锈蚀。随着锈蚀使构件变薄，构件将失去承载力，结构即被破坏。

外部条件对冷弯薄壁型钢结构的侵蚀作用分类　　　　　　　　　　表 1-1

| 序 号 | 地 区 | 相 对 湿 度（%） | 对结构的侵蚀作用分类 | | |
|---|---|---|---|---|---|
| | | | 室内（采暖房屋） | 室内（非采暖房屋） | 露 天 |
| 1 | 农村、一般城市的商业区及居住区 | 干燥，<60 | 无侵蚀性 | 无侵蚀性 | 弱侵蚀性 |
| 2 | | 普通，60～75 | 无侵蚀性 | 弱侵蚀性 | 中等侵蚀性 |
| 3 | | 潮湿，>75 | 弱侵蚀性 | 弱侵蚀性 | 中等侵蚀性 |
| 4 | 工业区、沿海地区 | 干燥，<60 | 弱侵蚀性 | 中等侵蚀性 | 中等侵蚀性 |
| 5 | | 普通，60～75 | 弱侵蚀性 | 中等侵蚀性 | 中等侵蚀性 |
| 6 | | 潮湿，>75 | 中等侵蚀性 | 中等侵蚀性 | 中等侵蚀性 |

注：1. 表中的相对湿度是指当地的年平均相对湿度，对于恒温恒湿或有相对湿度指标的建筑物，则采用室内相对湿度；

　　2. 一般城市的商业区及居住区泛指无侵蚀性介质的地区，工业区是包括受侵蚀介质影响及散发轻微性侵蚀介质的地区。

延缓、减少钢铁构件锈蚀的办法是：

· 加厚镀锌钢板镀锌保护层的厚度；

· 制造构件过程中防止划伤镀锌层；

· 防止潮湿气体侵入到钢构件周围。

建造低层住宅的冷弯薄壁型钢构件采用 275g 左右的镀锌量（双面）。制造钢构件时，尽量采用辊压工艺，而不采用折弯工艺，就能避免或减少镀锌层被划伤。而要防止潮湿气体侵入到钢构件周围，就必须设计相应的围护墙构造。

图 1-21、图 1-22 是一种典型的复合围护墙体构造。图 1-21 是围护墙体构造水平剖面

示意图；图 1-22 是墙体防水构造的示意图。这种构造中设计了基础隔潮层以及墙体构造腔内潮气的通路。基础隔潮层采用 2cm 厚珍珠棉，必要时可在珍珠棉与沿地构件之间加一层耐潮性能好的木质材料（如 OSB——定向刨花板或胶合板）。

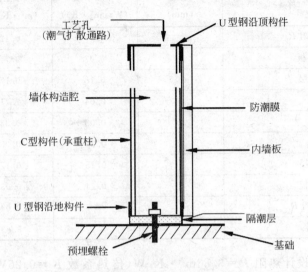

图 1-22　墙体防水构造的示意图

　　水蒸汽或是由室内生活中产生，或是由室内地面水分蒸发而来，或是由混凝土基础毛细现象引上来的地表水分、蒸发后通过钢结构 U 型沿地构件上的构造孔上升而来。

　　室外的水汽能否侵入墙体内部？回答也是肯定的。有些设计试图通过挂在结构板材外的一层"单向透汽纸"防止室外水汽的侵入，这是极不可靠的。钉孔、连接缝等建筑构造上存在的缺陷，风、雨、热等自然现象造成的压力差，就像管道和泵一样，会把潮湿气体送入或排出墙体构造腔。

　　MST 冷弯薄壁型钢结构住宅的围护墙，既有防止潮湿气体侵入的设置，以减少水汽侵入的数量，又有将侵入的水汽引出墙体构造腔的设置。建筑业熟知的美国专威特（DRYVIT）外墙外保温系统，在设置聚苯乙烯（EPS）板保温的同时，还专门在钢结构和 EPS 板的构造中设计了水及潮气汇集外泄的通道。图 1-21 的围护墙不采用"单向透汽纸"，只是在防止水汽侵入方面下功夫。ASA（泡沫水泥条板）与钢结构构件之间设置 PVC（聚氯乙烯）膜，以减少室内水蒸汽进入墙体构造腔。U 型钢沿地构件与基础之间有用防水材料衬垫的隔潮层，再用木质板材将 U 型钢沿地构件和基础分开，制造出地表水外泄的通路，这样即使有少量地表水透过隔潮层，也会被木质材料吸收。围护墙的室外一侧设置 XPS（挤出聚苯乙烯）保温板绝热，同时利用它阻止外部雨水等渗入构造腔。U 型沿顶构件有释气工艺孔（图 1-22），与上一层的钢结构构件或梁构件之间设置的通气孔相通，直接通往屋面系统并与通风窗构成开环通路，有利于腔体内的潮湿气体向外释放。

　　按照上面思路设计的围护墙，能减少墙体构造腔内的水蒸汽浓度，进而延缓构件的锈蚀。

　　5）保温、隔热设计

　　图 1-21 围护墙所选用的板类材料都具有低导热系数的物理性能。表 1-2 列出了这些

材料的特性。

围护墙材料的物理性能

表 1-2

| 材 料 名 称 | 厚度<br>(mm) | 导热系数<br>(W/(m²·K)) | 热阻<br>(m²·K/W) | 隔声量<br>(dB) |
|---|---|---|---|---|
| 内表面换热阻 $R_i$ | | | 0.12 | |
| ASA 保温板 | 50 | 0.07 | 0.71 | 35 |
| 空 气 层 | 60 | 0.18 | 0.17 | |
| EPS | 70 | 0.04 | 1.71 | |
| XPS | 25 | 0.03 | 0.83 | |
| OSB | 12 | 0.25 | 0.05 | |
| 空 气 层 | 30 | 0.18 | 0.17 | |
| 防 水 挂 板 | 8 | 0.24 | 0.03 | 20 |
| 外表面换热阻 $R_e$ | | | 0.04 | |
| 合 计 | 225 | | 3.83 | |

图 1-21 围护墙设计热阻 $R = 3.83\text{m}^2 \cdot \text{K/W}$(传热系数 $K = 0.26\text{W/(m}^2 \cdot \text{K)}$),不含挂板实测热阻 $R = 2.94\text{m}^2 \cdot \text{K/W}$(传热系数 $K = 0.32 \text{W/(m}^2 \cdot \text{K)}$)。

钢的导热系数是 58.00 $\text{W/(m}^2 \cdot \text{K)}$,比木材($0.23\text{W/(m}^2 \cdot \text{K)}$)大出许多,其传热能力是木材的 250 倍;是常用保温材料 EPS(发泡聚苯乙烯)的 1500 倍。因此,阻断钢构件在建筑中的热桥现象是至关重要的。图 1-21 墙构造中,在墙的外侧设计了一层 25mm 的 XPS(挤出聚苯乙烯)保温板材,它将包括楼面在内的全部钢结构构件包覆在这层 XPS 壳内,使得钢构件形成的热桥被彻底绝缘。

图 1-21 中内墙板与墙立柱之间的防潮膜减少了水蒸汽侵入到墙体构造腔内的机会,降低了构造腔内水蒸汽的浓度,能防止 EPS 保温板表面在冬季结露。

与多层、高层住宅相比,低层住宅的保温(隔热)构造设计指标要高得多。住宅建筑体形系数一般都大于 0.4,只有消耗比其他建筑多出 2 倍以上的保温材料,才能达到与其相当的保温效果。

隔热设计也与保温设计的构造十分相似,只是选用的材料有所不同。外墙挂板内侧的空气层起着非常重要的隔热作用,夏天时流动的空气能带走挂板上传递进来的热量,这就降低了对墙体隔热功能的要求,使得保温与隔热可以同时采用一套系统。

6)防振设计

防振设计主要是对楼板而言。防振主要靠提高构件的刚度,方法有四种:一是在设计楼板构造时,主梁采用组合构件,如图 1-23 所示;二是楼板搁栅采用腹板较高的大构件,如 254mmC 型梁;三是在搁栅梁之间用 30mm 宽的平钢带设置 X 支撑,如图 1-17 所示;四是在跨度较大时采用壁厚较厚的钢板制造构件。楼板防振构造如图 1-24 所示。

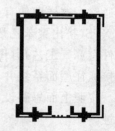

图 1-23 主梁组合方式

楼板隔声设计采取在搁栅结构腔内填充吸声棉,在地板结构板

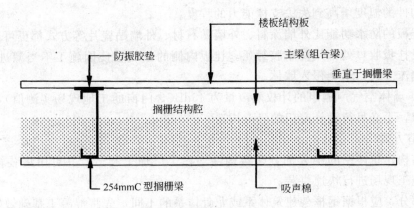

图 1-24　楼板防振设计

与钢构件之间安装防振胶垫等方法。

这样的楼板防振构造，经检测证实可以收到非常好的防振效果，楼板撞击声隔声标准的计权标准化撞击声压级为一级《民用建筑隔声设计规范》GBJ 118—88），图 1-25 是检测曲线。

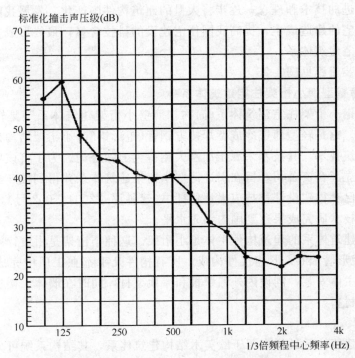

图 1-25　楼板标准化撞击声压级特性曲线

7）防火、防水、隔声设计

对于低层住宅来说，防火、防水、隔声的设计非常简单。图 1-21 所示墙体由各种功能板材组合而成，这些板材兼顾了防火、防水、隔声的功能指标，综合效果很好。

内墙板围护在钢构件外面，无论是采用 ASA、石膏板或是其他板材，耐火极限都在 0.5h 以上，有的板材耐火极限高达 3h。这就能保证在火灾发生后较长时间内的安全性，不致使钢构件的温度增高到失去支撑能力的程度。

外墙挂板的防水功能比外墙涂料、外墙贴石材、外墙贴瓷片等方式都更可靠。上下挂板之间以及挂板收口处都用防水胶封死。挂板内侧的空气层使因施工不当漏进来的雨水，沿挂板内侧流下去，不会侵入墙体。

图1-21墙体空气声隔声的计权隔声量为45dB（含门窗的工地现场实测值），已经满足规范的要求，不必另行设计专门的隔声构造。

3. 建造方式

轻钢结构建筑体系的绝大部分建筑构件均在工厂加工制造，并可用集装箱长距离运输，运抵施工现场进行快速拼装。

基础部分，应根据钢框架建筑体系或龙骨体系的不同，先将混凝土基础做好，并按照具体的施工要求，在基础上预留埋件，以便于上部结构的安装。

由于轻钢结构住宅在国内尚处于起步阶段，与住宅相配套的建筑构件的生产厂家虽然很多，但符合轻钢结构住宅要求的、与之配套的建筑构件还很少，这就要求加快与轻钢结构相配套的建筑构件的开发。目前国外轻钢结构住宅的承建商们，正在大量进入中国住宅的建筑市场，这就为我们学习国外的先进技术提供了一个良好的机会。关键是在引进的过程中，吸收其先进的技术和理念，逐步将大量的建筑构件国产化，发展我国的建筑构件生产体系，降低住宅的建造成本，提高我国住宅建设的科技含量，最终形成多种适合于我国国情的产业化住宅建筑体系。

整个建造安装流程见图1-26。

### 1.3 冷弯薄壁型钢小桁架住宅建筑体系

冷弯薄壁型钢小桁架住宅建筑体系（简称"薄壁小桁架建筑体系"）是轻钢结构建筑系列技术中的一种。它是轻型薄壁冷成型焊接方钢管（矩形钢管）小桁架结构为基础的系统性的设计方法和建筑技术。其技术来源于加拿大英特兰国际公司。为了将该项技术在我国得到应用，国内成立了合资公司，旨在引进薄壁小桁架建筑体系并得到推广。

该建筑体系已获得建设部科技成果评估证书（建科评［2004］002号），评估意见一致认为该体系综合技术研究成果达到国内领先水平。

薄壁小桁架建筑体系的建筑构件主体是小桁架。这种小桁架是由镀锌冷弯高频焊接的轻型薄壁方管（矩形管）和V形连接件构成。所有构件几乎都在工厂中完成，运送到施工现场，进行结构主体安装，铺设内外墙壁板和屋顶型材，同时在墙体、楼板和屋顶桁架的空隙中充填保温材料。

1. 技术原理

薄壁小桁架建筑体系最早来源于欧美木结构建筑体系，其结构系统可分为两部分：荷载传递系统与框架结构。

（1）荷载传递原理

整个建筑物的荷载传递系统为冷弯薄壁型钢小桁架屋架梁—专用C型钢—小桁架密集组成的墙体（支柱）—地基，其荷载传递系统与整个建筑物框架结构一致，系统完整连续，受力分布合理，钢管和V形连接件借助自攻螺钉组成的小桁架，保证了受力构件的完整性。

（2）框架结构原理

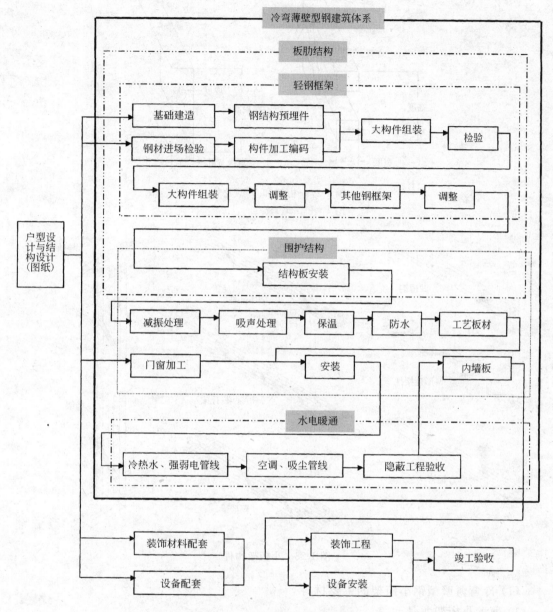

图 1-26　建造安装工艺流程图

薄壁小桁架建筑体系的框架结构可分为人字架（屋顶架）、小桁架密集梁和小桁架组合梁，其构件都是由方管状的弦杆与 V 形连接腹板构成，所有这些建筑部件可以设计成墙体单元、楼板单元及屋顶单元，这些提前加工成的部件，在施工现场按照安装图纸与不同的销钉、装饰材料、电气机械系统装配成完整的建筑物。

2. 建筑结构和建筑构造

小桁架是用方形和矩形钢管作为龙骨，龙骨之间用热镀锌钢板冲压成的 V 形、I 形、H 形连接件和自攻螺钉连接而成（见图 1-27、图 1-28），由小桁架与结构板材组成坚固的板肋结构，整体与基础预埋件锚固栓连接。

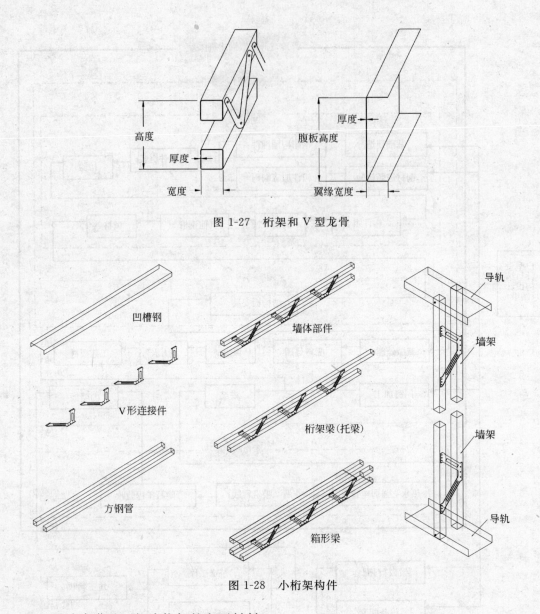

图 1-27　桁架和 V 型龙骨

图 1-28　小桁架构件

（1）冷弯薄壁型钢小桁架的主要材料

1）薄壁小桁架龙骨

小桁架的龙骨全部采用热镀锌钢板经冷弯高频焊接成型的方形、矩形钢管，钢板采用 Q235 和 Q345 钢材，钢板厚度一般为 $1.20 \sim 1.65mm$，双面镀锌量达 $275g/m^2$。

2）石膏板：分纸面石膏板、防火纸面石膏板和防水纸面石膏板 3 种，规格为 $3000mm \times 1200mm \times 12mm$。

3）结构板：采用 OSB 板（定向刨花板），包括 OSB/2、OSB/4，规格为 $2440mm \times 1220mm \times 12mm$。

4）外墙装饰板：采用高密度水泥纤维板或乙烯基挂板。

5）保温材料：一般采用 XPS（挤塑聚苯乙烯）泡沫塑料及中空纤维玻璃棉。

6）屋面瓦：采用沥青瓦、陶土瓦及彩钢板瓦。

（2）主体结构

小桁架是主体结构的主要构件（见图1-28），可以用作梁、墙、楼板和屋顶的所有构件。

1）骨架

钢桁架房屋的骨架一般由立柱、梁（过梁）、屋架、结构板以及各种支撑所组成。

2）楼板结构

楼板系统由桁架、面板和加劲件所组成，构件与构件之间通常用自攻螺钉连接，如图1-29-a所示。

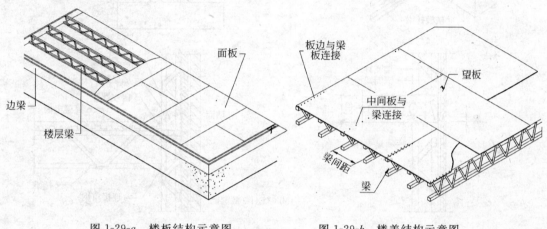

图1-29-a 楼板结构示意图　　　　图1-29-b 楼盖结构示意图

3）墙体结构：墙体连接结构如图1-30所示；楼板结构与支承结构的连接如图1-31所示。

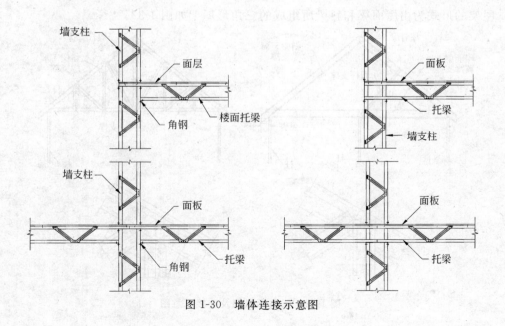

图1-30 墙体连接示意图

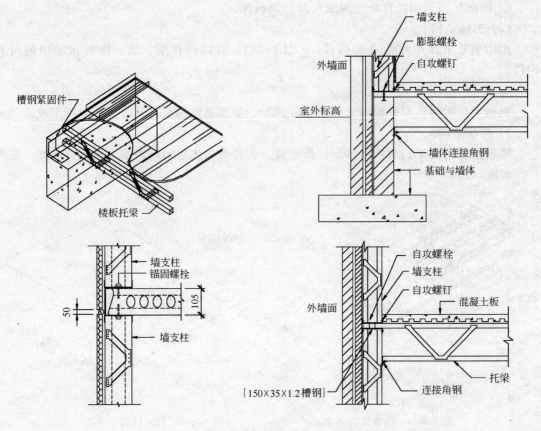

图 1-31　楼板结构与支承结构的连接示意图

4）屋顶结构：屋盖系统由屋架、望板、防水层、轻型屋面瓦（金属瓦或沥青瓦）所组成。

屋架的形式为由屋面梁和斜梁所组成的三角形屋架如图 1-32。

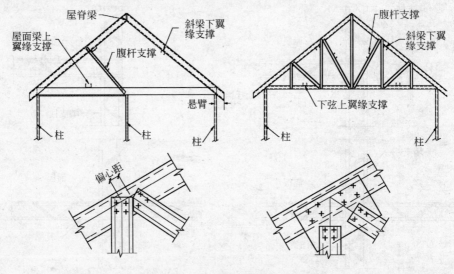

图 1-32　三角形屋架及连接示意图

（3）围护结构

1）墙壁。包括外墙板、保温材料、防潮材料、空气层龙骨和结构板的安装。

2）屋面。包括屋面瓦、保温材料、防水材料和结构板的安装。

3）管线敷设。上、下水管及电气管线敷设均从小桁架之间穿过，如图1-33所示。

4）隔声处理。包括墙体隔声及楼板隔声，方法如图1-34所示。

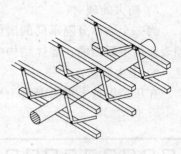

图 1-33 管线铺设

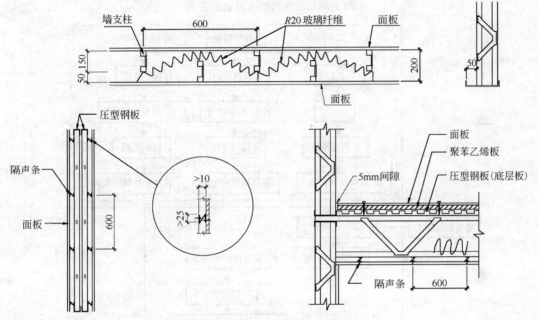

图 1-34 隔声处理做法示意图

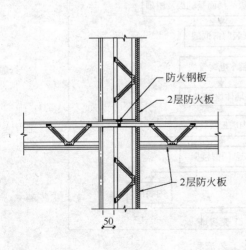

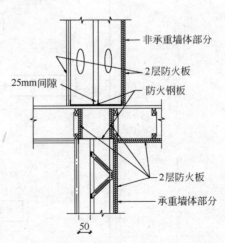

图 1-35 防火做法示意图

37

5）防火处理

当一个墙体分隔不同的居住单元时，必须在建筑全高采取防火措施，从基础顶面到屋顶表面应不间断的在墙体结构中设置防火保护措施，如图1-35所示。

6）卫生间防水

在压型钢板上现浇混凝土楼板，或在压型钢板上安装橡胶防水板，如图1-36所示。

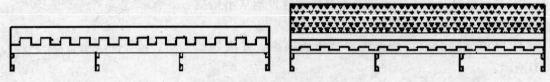

图 1-36　卫生间防水做法示意图

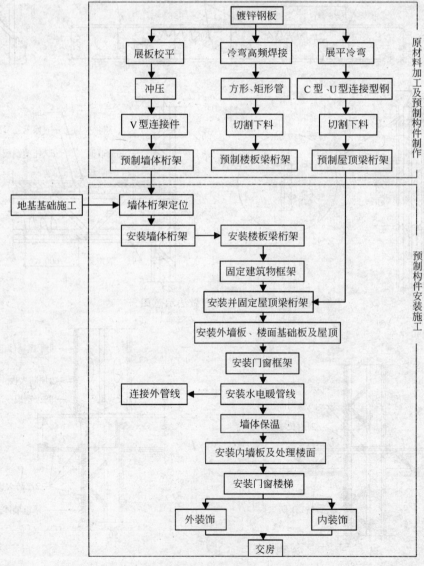

图 1-37　建造安装工艺流程

3. 建造方式

轻钢小桁架住宅的建造方式也是预制构件现场安装，整个施工过程如图1-37所示。

4. 规范和标准的应用

冷弯薄壁型钢小桁架建筑体系为引进国外（加拿大）项目，在我国钢结构房屋领域中尚属空白，其材料、构件、体系设计、制造、安装、验收等方面在国内均没有相应的标准规范。青岛迈华无比钢房屋开发有限公司经过引进、消化及吸收，组织多方面专家，在试验与实践的基础上，结合国内外有关标准，编写了冷弯薄壁型钢小桁架建筑体系技术规程及材料构件制造标准。该标准的编制将促进轻钢桁架体系应用于住宅建设，在住宅的设计、制作、安装、防护等过程中，提供了参考标准。当然企业规程规范必须遵照现行国家标准，在钢桁架钢结构的设计、制作、安装和防护等方面未作规定均应按现行有关标准执行。

（1）冷弯薄壁型钢小桁架建筑体系的结构设计执行下列标准：

《建筑结构可靠度设计统一标准》GB 50068—2001

《建筑结构荷载规范》GB 50011—2001

《建筑抗震设计规范》GB 50011—2001

《钢结构设计规范》GB 50017—2003

《冷弯薄壁型钢结构技术规范》GB 50018—2002

《冷成型钢结构规范》CSA-S136-94加拿大标准学会标准

（2）材料、构件的制作参照下列标准：

《薄壁冷弯空心型钢标准》Q/01MH001—2003青岛迈华公司标准

《V形连接件标准》Q/02MH002—2003青岛迈华公司标准

（3）施工、验收参照下列标准：

《住宅钢架安装手册》CSSBI加拿大钢板住宅建筑协会

《薄壁冷弯型钢小桁架建筑体系技术规程》Q/03MH003—2003青岛迈华公司标准

（4）施工、验收执行以下规范

《钢结构工程施工质量验收规范》GB 50205—2001

# 名 词 解 释

1）冷弯成型（Cold-Forming）：常温下通过机械加工使金属材料发生永久塑性变形的工艺方法。

2）冷弯效应（Effect of Cold Forming）：因冷弯成型工艺造成钢材机械性能改变的现象。

3）构件环境（Member Environment）：指轻钢龙骨构件在建筑物使用中接触的温度、湿度、腐蚀性气体含量等因素。

4）金属镀层钢板（Metallic Coated Steel）：为延缓锈蚀在表面镀有电极电位比铁更低的金属层的钢板。金属镀层延缓钢板锈蚀的机理被称作"阴极保护法"。决定金属镀层钢板锈蚀速度的主要因素是镀层厚度、镀层致密度和镀层金属的电极电位。生产冷弯龙骨构件常用的钢板镀金属工艺是热浸镀锌和镀铝锌。

5）热浸镀锌（Hot-dip Galvanizing）：将经过脱脂、酸洗、熔剂处理等工艺处理的钢制工件或卷钢等，在规定的工艺时间内快速通过熔融金属锌进行热浸，经净化后，在金属表面形成一定厚度的金属锌层。

6）热浸镀铝锌（Hot-dip Aluminum Galvanizing）：将经过脱脂、酸洗、熔剂处理等工艺处理的钢制工件或卷钢等，在规定的工艺时间内快速通过有一定比例的锌和铝熔融态金属进行热浸，经净化后，在金属表面形成一定厚度和比例的金属锌、铝合金层。

7) 构件(材料)厚度(Material Thickness)：不含任何防护层的基材钢板厚度。

8) 组合柱(Built-up Beam)：由多个单个构件预先组合再进行安装的柱构件。

9) 墙架(Wall Truss)：由墙筋和沿顶、沿地龙骨构成的，承受垂直荷载的整体构件。

10) 托梁(Trimmer)：承受搁栅的垂直荷载，并把荷载传递给承重柱的构件。

11) 梁架(Built Truss)：由托梁与搁栅预先组合再进行安装的构件。

12) 过梁(Header)：主体建筑中洞口上方水平设置的组合构件，用来将洞口上方的垂直荷载转移到洞口两侧的垂直龙骨构件上。

13) 屋架(Roof Truss)：用于屋顶结构的桁架，它承受屋面和屋架的重量以及作用在上弦上的风载，可以预制成整体构件。屋架上的迎水面称屋面，屋面与水平面形成一定角度的称坡屋面。

14) 支撑肋(Stiffened Elements)：沿构件轴向中心线连接两构件的连接件，支撑肋通常设计成 C 型截面。

15) 搁栅撑(Bridging)：支撑搁栅梁，传递搁栅梁荷载并与其他构件相连的连接件。

16) 平钢带(Flat Strap)：切割成一定宽度的平直钢板。常用于拉结构件转移张力荷载。

17) 斜支撑(Slope Support)：用于墙架外垂直平面上或搁栅水平平面上，与柱或梁成一定角度，并和与其相交的承重梁、柱固定在一起的构件。斜支撑不成为单独承重构件，只能与梁、柱一起承受荷载。采用斜支撑可以减少梁或柱的数量。

18) 蒙皮效应(Stressed skin action)：冷弯薄壁型钢结构低层建筑中，在建筑物表面与结构支撑构件可靠连接的板类覆盖材料，可以提高建筑物的整体刚度，进而提高抗水平荷载的能力，这种现象称蒙皮效应或受力蒙皮效应。

19) 裸钢板(Bare Steel)：表面未经防腐保护(金属镀层、涂料等)的钢板。

# 第 2 章　轻型木结构住宅建筑体系

木材是一种可以再生、低能耗的天然环保型建筑材料。它以其稳定的结构性能和独特的美学价值自古就被用来建造房屋，已经有 4000 余年的使用历史。随着现代木材工业的飞速发展，工程木产品的不断创新和大量生产，为木结构的可持续发展奠定了坚实的基础。特别是木材的再生性和可重复利用性使得木结构在当今飞速发展。虽然我国林业资源并不丰富，但随着国际合作的加强和加入世贸组织，加拿大、北美及欧洲等木材生产国，会大大增加对中国的木材出口，特别是优厚的木材进口关税政策，会进一步促进木材的进口和中国木结构房屋的建造。但是，目前我国木结构的产业化建造技术还比较落后，为了适应市场的需要，必须加强对外国先进技术的学习和引进，并尽快建立中国的生产线和生产基地。

## 2.1　概述

轻型木结构住宅建筑体系是一种在北美、欧洲以及日本被广泛应用于低层和多层住宅的体系。最近几十年，也被广泛地用于低层商业建筑。本章着重介绍其结构形式和特点。

大量的工程实践和试验证明，轻型木结构建筑体系是一种有效的建筑体系。所有的结构构件均采用工厂化生产。这些小尺寸的构件易于施工安装。构件之间通过框架和结构面板的连接共同作用，达到所需的强度和刚度要求。

轻型木结构的结构形式类似箱形结构，外墙和内墙为竖向承重构件，楼盖和屋盖为水平承重构件。所有的保温层材料、管线等均安装在墙体和楼屋盖的构件之间的空腔内，有效地节约了建筑面积。

轻型木结构建筑体系用于住宅的优势是十分明显的：

· 木材自重轻、强度高、柔韧性好、易于加工制作，工厂化生产程度高。

· 木材具有再生性和可重复利用性，这是其他建筑材料无法比拟的。

· 木材是理想的环保型建筑材料，天然生成，不产生任何污染。

· 结构自重轻，便于施工。在所有刚性结构中，木结构的自重最轻，为加工、运输及安装等许多方面提供了极大的方便。

· 基础造价低。由于结构自重轻，则建筑物对地基承载力的要求也相应降低，在一般情况下，地基可以不做特殊处理，或略做处理就可以满足建筑物对地基的要求，从而节约地基处理和基础的费用。

· 施工工期短。由于木结构的构件以及梁、板、柱等大量建筑部件，均可工厂加工完成，然后到现场进行快速组装，甚至是整体吊装。即使是现场制作，也比钢筋混凝土的现浇施工速度快两倍以上。

· 施工精度高。由于大量的建筑部品均是在工厂完成的，所以构件的施工精度与现场浇筑的混凝土结构相比，精度高，质量保证率高。即使是现场加工制作，也优越于钢结构，远远超过钢筋混凝土结构的建筑。

• 施工现场小。由于大量的构件是在工厂完成加工后到现场完成装配的，就大大减少了现场作业面。施工对环境影响小。

• 综合费用低。建筑安装费比钢结构低，比钢筋混凝土略高，但把由缩短施工工期，给开发商所带来的在贷款利息、资金占用、财务成本、提前收益等各方面的因素全部考虑进去，综合成本仍低于钢筋混凝土结构和钢结构建筑。

• 投资风险小。由于施工工期短，综合费用少，就能够回避或减小由于市场突变带来的不可预测的风险。

• 提高面积使用率。与钢筋混凝土结构建筑相比，由于结构截面约小 50% 以上，这将使得户内的使用面积增加 8%～10%。即：同样的建筑面积，如为木结构建筑体系，平均每 100m² 的建筑面积就可多得到 8～10m² 的使用面积。这就是木结构建筑带给用户的实惠。

• 绿色环保。建造木结构建筑的能源消耗量远远小于钢筋混凝土结构和钢结构建筑，在材料加工过程中几乎不产生有害气体，是完全环保型的建筑体系。在建筑物老旧废弃后，大部分部件可以得到再次利用，做到资源再生。

## 2.2 建筑结构和构造

轻型木结构根据其墙体墙骨柱的类型，分成墙骨柱贯通式轻型木结构以及平台框架式轻型木结构两种(见图 2-1 和图 2-2)。

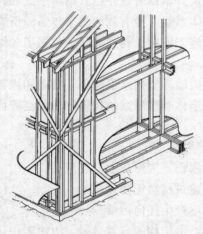 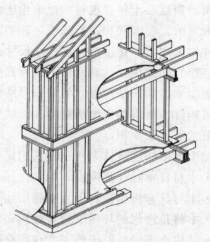

图 2-1 墙骨柱贯通式轻型木结构      图 2-2 平台框架式轻型木结构

墙骨柱贯通式木结构主要用在 19 世纪的早期。墙体中的墙骨柱构件在两层楼高范围内沿竖向连续。现在，这种结构除了在建筑物的局部采用外，已经不作为主要的结构形式了。从 19 世纪后期开始，平台框架式轻型木结构主导了木结构住宅市场并广泛地用于商业和轻工业建筑。这种轻型木结构的特点是每层楼盖作为一个平台，支承于下层的墙体上。该平台同时为上层墙体的施工提供工作面，并承载上部结构传来的荷载。

木结构其所用材料主要为木材。自然界中各种木材性能不尽相同。现对其主要材料介绍如下：

1. 主要材料

我国林业资源比较匮乏，水土流失现象严重。从 1998 年开始，国家实施"天然林保护工程"，其目的就是要保护自然资源，防止水土流失，杜绝乱砍乱伐。为解决国内对木材的需求，1999年起国家为了鼓励木材进口，对进口原木和锯材实行了"零"关税政策。但从长远来看，我国的经济林前景良好，对于木材的生产管理也会逐渐规范化、系统化。作为轻型木结构用材，目前进口居多。

轻型木结构建筑中采用的主要材料，包括规格材、木基结构板材、工程木产品和连接件。

（1）规格材

规格材主要用在轻型木结构中的框架结构构件，包括楼盖搁栅或楼盖桁架，屋盖椽条或屋盖桁架以及墙体中的墙骨柱等。所谓规格材是指按一定尺寸和模数制成的实心锯材，截面宽度一般为40(38)mm（名义宽度2英寸），65(64)mm（名义宽度3英寸），90(89)mm（名义宽度4英寸）。（括号中的尺寸为北美进口规格材常用尺寸）。规格材的长度一般以600mm为进级单位。

发达国家对木材的生产和分级都有严格的规定，例如美国的规格标材生产必须按照美国木材标准委员会（American Lumber Standards Committee）的要求进行生产；加拿大的针叶材是根据加拿大标准协会的CSA标准O141、《针叶木材》以及加拿大木材分等定级管理委员会（NLGA）的《加拿大木材标准分级规则》生产的。

我国2004年1月1日实施的《木结构设计规范》（GB 50005）对树种、等级和规格作了规定，同时对进口木材如北美的规格材的换算也相应作了规定。常用的树种组合以及树种详见表2-1（以北美进口规格材为例）。

**规格材常用树种组合**　　　　　　　　　　　　　　表 2-1

| 树种组合名称 | 商品材英文缩写 | 所含树种（包括英文商品材名称） |
|---|---|---|
| 花旗松-落叶松 | Douglas Fir-Larch | 北美黄杉（Douglas Fir）<br>粗皮落叶松（Western Larch） |
| 铁-冷杉 | Hem-Fir | 加州红冷杉（California Red Fir）<br>巨冷杉（Grand Fir）<br>大冷杉（Noble Fir）<br>太平洋银冷杉（Pacific Silver Fir）<br>太平洋海岸冷杉（Pacific Coast Fir）<br>西部铁杉（Western Hemlock）<br>白冷杉（White Fir） |
| 云杉-松-冷杉 | Spruce-Pine-Fir | 香脂冷杉（Balsam Fir）<br>黑云杉（Black Spruce）<br>北美山地云杉（Engelmann Spruce）<br>北美短叶松（Jack Pine）<br>扭叶松（Lodgepole Pine）<br>挪威（赤）松（Norway Pine）<br>红果云杉（Red Spruce）<br>西加云杉（Sitka Spruce）<br>白云杉（White Spruce）<br>高山云杉（Alpine Fir） |

| 树种组合名称 | 商品材英文缩写 | 所含树种(包括英文商品材名称) |
|---|---|---|
| 南方松 | Southern Pine | 火炬松(Loblolly Pine)<br>长叶松(Longleaf Pine)<br>短叶松(Shortleaf Pine)<br>湿地松(Slash Pine) |
| 北美其他树种 | | 红雪松(Western Red Cedar)<br>波罗的海红松(Red Pine)<br>北美黄松(Ponderosa Pine)<br>西部和东部白松(Western and Eastern White Pine)<br>颤杨(Trembling Aspen)<br>大齿杨(Largetooth Aspen)<br>香脂冷杉(Balsam Poplar) |

木材是天然材料,在生长过程中不免会产生种种天然缺陷,例如节子、腐朽、振裂和干裂、虫眼、斜纹和扭曲等。此外,木材在加工过程中会产生加工缺陷,包括钝棱,漏刨等。所有这些缺陷,都会影响到木材的强度。所以,在使用之前,必须对木材进行分等分级。国外规格材的分等包括目测分等和机械分等。用于轻型木结构的规格材主要采用目测分等。经过分等的规格材,如符合质量要求,都会打上等级标识。标识内容包括:

1) 分级机构的名称或标识;

2) 生产厂家代号;

3) 规格材的等级;

4) 树种或树种组合名称;

5) 干燥状态(19%含水率以下称干燥状态)。

图 2-3 是美国规格材等级标识。图 2-4 是加拿大规格材等级标识。用于轻型木结构的规格材必须有等级标识,含水率不得大于 19%。

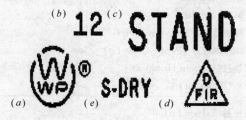

图 2-3                    图 2-4

(2) 木基结构板材

木基结构板材包括结构胶合板(Plywood)和定向刨花板(OSB),在轻型木结构中用作楼盖、屋盖和墙体的面板。作为结构构件,面板除了在楼盖和屋盖中承载竖向重力荷载外,在结构中还起到传递和承载由风和地震荷载引起的侧向荷载。所以,为了有别于其他人造板材,轻型木结构中所用的此种板材称作木基结构板材。

结构胶合板由旋切单板用结构胶粘合而成。单板的等级、树种、厚度以及单板的木纹方向决定了结构胶合板的性能。一般而言,结构胶合板的单板方向与厚度与板材截面的中

44

心线的方向对称。胶合板的每一层与其相邻层交叉垂直放置，使其在纵向和横向两个方向上都有良好的强度和刚性，并且具有极好的尺寸稳定性。

定向刨花板（OSB）系将刨花与结构胶混合热压而成，板材外侧刨花的长度方向与板材平行。

工程中，尤其在住宅建筑的施工中，应根据设计要求，按结构板材上的性能标准标识，正确选用木基结构板材。在国外，所谓性能标准标识是由第三方质量认证机构提供的认证章。认证章通常包含以下内容：

1）认证机构名称；

2）板材用途；

3）板材支座间距。当有两个数值出现时，斜杠左侧数字为板材用于屋面板时；右侧数字为用于楼面板时的支座间距；

4）板材名义厚度；

5）暴露等级；

6）生产厂商名称或代码；

7）采用的产品标准。例如，图 2-5 所示为美国第三方认证标识；图 2-6 为加拿大第三方认证标识。

图 2-5

图 2-6

（3）胶合木（Glulam）

轻型木结构中的大跨度梁，例如车库门过梁等可采用胶合木梁。胶合木是采用防水结构胶，将规格材粘接在一起形成的一种工程木产品。

对于胶合木梁，一般最大压应力和拉应力出现在截面的上下边缘。所以，生产时，将等级强度较高的层板作为胶合梁顶面和底面。考虑到顶面和底面所受应力不同，胶合木分成对称胶合木和不对称胶合木。对称胶合木一般用于悬臂梁和连续梁，也可用于简支梁。不对称胶合木主要用于简支梁。在美国，对于不对称胶合木一般都标有"顶面"字样（见图 2-7），以防施工时产生错误。为防止层板的收缩和开裂，层板的含水率必须在 7％～15％之间。胶合木所用的胶是防水的酚醛胶。

胶合木的截面尺寸包括定尺和非定尺尺寸。定尺宽度主要为 80、130 、170mm 等，可用于大部分的住宅建筑。非定尺的胶合木主要用于商业和公共建筑中。胶合木的等级分类有两种：外观等级和结构强度等级。层板胶合木的制造商应提供产品满足工程设计的证书。

国外符合胶合木产品标准生产出来的胶合木都附有由第三方质量认证机构提供的标识，表明产品经过一系列严格的检测和认证，符合相关的产品标准。例如图2-8中所示标识是由美国APA——工程木协会提供的认证标识。进口木材一般都有认证标识，标识的形式不尽相同，但内容都差不多。标识内容包括：

| 图 2-7 | 图 2-8 |

1）用途：B—简支受弯构件；C—受压构件；T—受拉构件；CB—连续或悬臂构件；

2）生产厂家代码；

3）胶合木生产标准名称；

4）层板标准；

5）树种名称；

6）结构强度等级。APAEWS 24F-1.8E 一般用于居住建筑中，层板采用花旗松、云杉-松-冷杉、南方松以及铁-冷杉等树种组合。抗弯强度为 2400psi(16.53MPa)，弹性模量为 $1.8 \times 10^6$(12402MPa)；

7）外观等级。胶合木的外观等级包括普通框架级、工业级、建筑级，以及特优级。每种外观等级的用途见表2-2。

胶合梁的外观等级

表 2-2

| 外 观 等 级 | 用　　途 |
|---|---|
| 普通框架级（FRAMING） | 主要用于构件不暴露处。采用这一等级的胶合木梁主要用于轻型木结构。因此，其截面宽度一般与轻型木结构墙体宽度匹配 |
| 工业级（INDUSTRIAL） | 主要用于构件不暴露或外观不重要处 |
| 建筑级（ARCHITECTURAL） | 主要用于暴露构件。表面光滑 |
| 特优级（PREMIUM） | 主要用于外观特别重要的构件，一般需定制 |

（4）结构复合木材（Structural Composite Lumber）

结构复合木材主要指两种产品，即单板层积材（LVL）（《木结构施工质量验收规范》GB 50206—2002 中也称旋切板胶合木）和旋切片胶合木（PSL）。单板层积材是将木材单板平行放置，热压成型。而旋切片胶合木则将单板切成条状，然后采用结构胶沿构件长度方向粘接。结构复合木材用的胶粘剂都是室外用防水胶。

结构复合材被广泛地用在轻型木结构中梁、柱和重型木结构的构件中。结构复合材在加工过程中，对原材料的缺陷进行了分离，提高了结构强度。数据显示：结构复合材的抗弯强度是标准强度等级的规格材的 3 倍，刚度提高 30%。

（5）工字木搁栅（Wood I-joist）

工字木搁栅是一种可以有效代替实木规格材搁栅的工程木产品。工字木搁栅一般采用规格材或单板层积材作翼缘，结构胶合板或定向刨花板（OSB）作腹板（见图 2-9）。因为工字木搁栅采用了高强度的工程木，所以与传统的实木规格材搁栅相比，它的跨度更大（单跨可以达到 18m）。

工字木搁栅的主要优点是用于大跨度建筑。工字形截面能达到较高的强度/重量比。例如，一根截面高度为

图 2-9

241mm、长为 8m 的工字木搁栅，根据腹板和翼缘材料和厚度的不同，重量为 23～32kg。

北美地区的工字木搁栅是专利生产产品，每个生产厂家都有自己的创新，可以选用不同的材料作腹杆、上下翼缘和连接件。每家的产品各有特点，强度指标也各不相同。

因所有原材料提供已经形成工业化生产，并不会因此而增加建造成本。生产厂家应提供产品满足工程设计的证书、荷载和跨度表、显示搁栅位置的构架平面图、安装程序以及设置支撑构件的说明，设计和施工应严格按照厂家提供的技术规定。国内的建造业主在引进国外轻型木结构住宅时，要特别注意构件是否都具备以上所列举的内容。

（6）轻型木桁架（Truss）

轻型木桁架可用于轻型木结构的屋盖和楼盖，代替屋盖椽条和楼盖搁栅（见图 2-10）。屋盖桁架根据屋面形状的不同，有不同的坡度。而楼盖桁架为上下弦杆平行的桁架。生产时，桁架的杆件采用规格材。杆件在节点处，采用金属镀锌齿板从桁架两侧压入，将所有杆件连接在一起（见图 2-11）。桁架的设计必须采用专用的计算软件，桁架应采用专用设备进行生产。目前在美国，约有 75% 的住宅的屋盖系统采用轻型桁架用。

图 2-10

图 2-11

（7）连接件（connection）

在轻型木结构房屋中，连接件的作用是将各结构构件连接在一起，并承担和分散荷载，帮助结构抵抗特殊荷载，如地震荷载和风荷载。连接件是房屋设计和房屋总体结构性能的一个基本部分。

轻型木结构房屋有多种连接件，最常用的是紧固件，如：钉子和轻型木结构框架连接件，其作用是为结构构件提供多种传递荷载的途径。其他连接方式还包括锚栓连接和结构用胶粘接。

2．主体结构

轻型木结构是一种利用小尺寸木结构构件和木基结构板材，按照规定的构件间距，通过金属连接件将所有构件连接在一起形成的一种结构形式。建筑物的结构强度通过木框架与屋面、墙面与楼面板的共同作用得到。轻型木结构的主体结构如图2-12所示。（图2-12引自《木结构设计规范》181页-轻型木结构构造示意图）主体结构包括基础、楼盖、屋盖以及墙体。

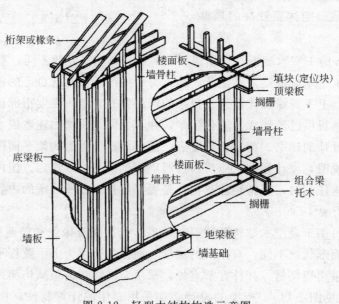

图2-12　轻型木结构构造示意图

（1）轻型木结构的基础

轻型木结构的基础主要采用地下室基础，独立或条形基础以及混凝土现浇地坪（见图2-13、图2-14）。除此之外，还有地下室基础采用经加压防腐处理木材建造的（图2-15、图2-16）。这种基础，除了地下室的底板采用混凝土外，地下室周围墙体采用经过加压防腐处理的规格材和木基结构板材。施工时，基础外墙位于地面以下部分应有防潮层，同时在外墙的回填土中有排水措施。上部结构与基础之间通过地梁板连接。规范规定，未经防腐处理的木构件不得与混凝土基础直接接触，所以地梁板必须经加压防腐处理。

（2）轻型木结构楼盖

采用地下室基础的轻型木结构，底层的楼盖一般由墙、柱和梁支承。梁可以采用组合梁、胶合梁或工字钢梁。组合梁一般由规格材组成。如采用底层架空独立或条形基础，底层楼盖可采用同样的支承体系（见图2-17）。

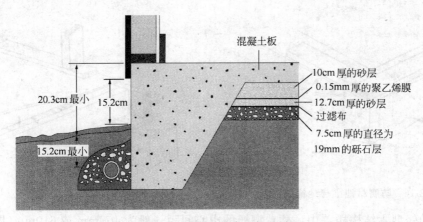

图 2-13　混凝土现浇地坪基础

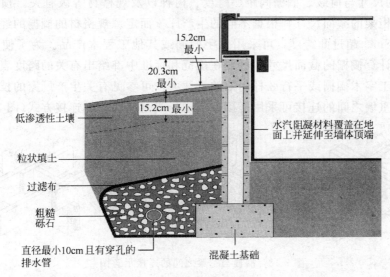

图 2-14　条形基础

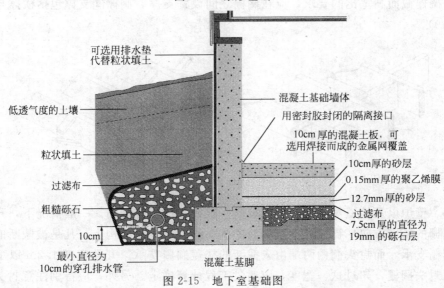

图 2-15　地下室基础图

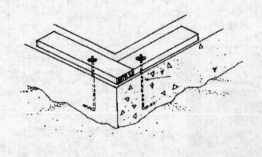

图 2-16　防腐材地梁与地锚螺栓

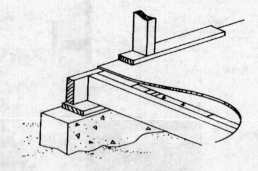

图 2-17　底层楼盖示意图

北美的轻型木结构楼盖中，楼盖搁栅的中心间距一般为 400mm 或 610mm（即 16 或 24 英寸）。搁栅的尺寸与荷载、搁栅间距、跨度、树种以及规格材等级有关。预制工字木搁栅或平行弦杆桁架的截面尺寸，根据不同的生产厂家而定。规格材的搁栅的经济跨度一般从 3.6m 到 4.8m。超过此跨度，可采用工字搁栅或其他工程木产品。为了使工程技术人员较为简便地计算搁栅的截面尺寸，一般在规范和标准中都给出有关的跨度表。

对于预制工字木搁栅或平行弦杆桁架的承载力，可参见有关生产厂家的技术说明。搁栅与主梁或承重墙之间的连接可采用搭接、木梁托或金属梁托的连接方式（图 2-18）。

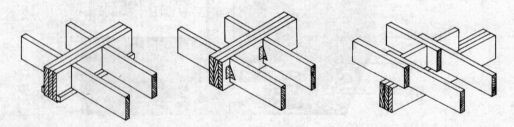

图 2-18　搁栅与主梁之间的连接示意图

根据搁栅截面高宽比的要求，应在搁栅之间设置支撑。搁栅间支撑包括横撑与剪刀撑（见图 2-19）。

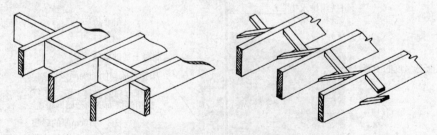

图 2-19　搁栅间支撑示意图

楼梯、壁炉以及烟道等楼盖开孔会截断一根或数根楼盖搁栅。一般情况下，开孔方向尽量与搁栅的长度方向平行以减少被截断的搁栅的数量。在结构上，凡是被截断的搁栅均由封头搁栅支承，而封头搁栅两端由未截断的楼盖搁栅支承。开孔宽度 1.2m 以下时一般采用单根封头搁栅，超过这一宽度，应通过工程计算确定。另外，应特别注意封头搁栅两端的连接。

按规范要求，对于框架构件的切割和钻孔应减小到最低程度。经切割或钻孔的构件，当超过规范规定的范围时应采取相应的加强措施。在集中荷载较大的部位，例如浴缸下，应采用加强搁栅或其他有效的加强措施。如果采用桁架或工字木搁栅，则楼盖能达到的跨度比采用规格材大得多，不需加额外的中间支座。另一个优点就是桁架的腹杆之间和工字搁栅的腹板开孔都能很容易地通过管线。

楼面板除了承担楼面竖向荷载外，还起到了横向支撑的作用，传递风荷载和地震荷载引起的剪力，所以也称作剪力横撑。楼面板为施工提供了工作平台，也是楼面面层装修材料的基层。

楼面板板材的长度方向与搁栅垂直。板材之间留有宽度不小于 3mm 的缝隙，以适应湿度变化引起的少量伸缩变形。

（3）轻型木结构墙体

轻型木结构的墙体包括承重墙和非承重墙。承重墙承载楼盖和屋盖传来的荷载。承重墙和非承重墙的框架构件主要包括竖向的墙骨柱和其他水平构件。这些水平构件包括顶梁板、底梁板以及门窗洞上的过梁等（见图 2-20）。墙骨柱的截面尺寸一般为 38mm×89mm，或者 38mm×140mm。与搁栅间距一样，墙骨柱之间的中心间距一般采用 305mm、405mm 和 610mm。墙骨柱的截面尺寸根据墙体所受的荷载、外墙材料以及所需的墙体的保温要求来定的。门窗洞口尺寸小于 1.2m 时，过梁的截面尺寸一般为 38mm×140mm。为使得过梁与墙体的厚度一致，一般在两根过梁间用填块连接。除此之外，也可采用预制工字木搁栅或其他结构复合材。施工时，底层楼板安装完毕后开始施工第一层墙体。在多数

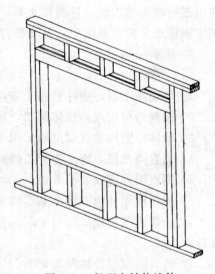

图 2-20　轻型木结构墙体

情况下，先在楼板组装整片墙体，然后竖起安装到位。如果整片墙体太长，则可将墙体分成若干片，分别组装。

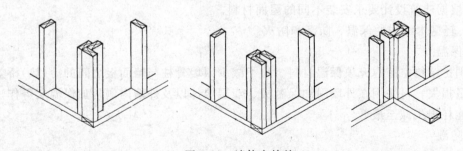

图 2-21　墙体交接处

在安装墙体框架构件时，应特别注意交角和拐角处的墙骨柱的安装，以提供内部装修材料的安装基层。一般在隔墙与外墙的交接处，应采用双根墙骨柱，为隔墙提供支承（见

图 2-21）。

承重墙体的顶梁板一般为双层，尤其当屋面椽条或楼盖搁栅支座位置在墙骨柱之间时，顶梁板必须双层。上下顶梁板的接缝应错开至少一个墙骨柱的间距。在风力较大或地震烈度较大的地区，规范要求上下层墙体之间以及底层墙体与基础之间都必须有可靠的锚固连接。

外墙面板材料一般采用木基结构板材。和楼盖用作剪力横撑的道理一样，作为一种箱形结构，轻型木结构的墙体承担风力和地震力引起的剪力，并将这种剪力传至基础。在轻型木结构中，并不要求所有的墙体都起到传递剪力的功能。对于具有传递剪力功能的墙体，称作加撑墙或剪力墙。为了保证这些墙体本身的刚度用以传递剪力，墙体内部必须有支撑。而最常用和简单的支撑办法就是利用墙面板，包括木基结构板材和石膏墙板。

（4）轻型木结构的顶棚和屋盖

轻型木结构的屋盖一般有两种，即传统的搁栅-椽条系统以及轻型桁架系统。后者的应用现在越来越广泛，目前在北美，75％的住宅采用这一系统。随着工程木产品的发展，工字搁栅也在屋盖系统中代替规格材得到广泛的应用。

3. 围护结构

（1）外墙做法

1）外墙施工时，应注意施工节点的处理，以防潮湿对建筑物的侵害；

2）用规格材组成的墙体框架，外覆木基结构板材为结构面板；

3）墙体空腔内放置保温棉，用于保温、隔热及隔声；

4）设置隔汽层，通常为聚乙烯材料，用于隔绝蒸汽渗透；

5）隔汽层外侧安装石膏板；

6）墙体框架外侧安装木基结构板材；

7）外覆透气防潮层，用于阻隔外部湿气进入墙体，同时保证墙体内的湿气能排出墙体外；

8）透气防潮层外做外墙饰面。

（2）屋面做法

1）桁架或椽条上安装木基结构板材作为屋面板；

2）屋面板上安装防水基层，通常可采用防水油毡；

3）根据建筑设计要求安装不同的屋面材料。

（3）轻型木结构的保温、防潮和防火

1）保温

在围护结构空腔内充填保温材料。为了减少因墙骨柱与墙面板之间的冷（热）桥效应引起的能量损失，可采用在外墙附加保温板、双层墙体以及外墙内侧附加保温层等作法，使建筑物能耗损失减至最低。

2）防潮

木材具有湿胀干缩性和各向异性。当含水率过高（一般＞19％）时，木材不仅容易变形，而且为木腐菌和白蚁等危害木材的生物创造了有利生存条件。因此控制木材中的含水率对于木结构建筑的耐久性非常重要。

轻型木结构建筑中，保证结构不受潮湿侵袭的主要手段是合理的设计和建筑构造。设计中，除了应防止湿气侵入构件内部，同时也应让那些因各种原因侵入构件内部的湿气排出结构构件，而不是在构件之间的空腔内聚集。

为了达到这一目的，根据建筑所在地区的气候条件，应采取下列措施：

• 通过建筑构造减少雨水对建筑物的侵袭，例如采用坡屋面、增加屋面檐口悬挑长度、设置窗台滴水孔、在材料搭接处设挡水板以及采用密封和填缝材料。

• 保证建筑物的排水畅通，减少水在建筑物上的停留时间，使之在重力作用下离开建筑物。具体措施包括：增加屋面坡度，保证建筑物周围的散水坡度，外墙饰材与结构之间留有空隙以及在外墙所有材料搭接处设挡水板等。

• 在适当位置选用和设置具有合理透水性能的防潮层，保证墙体内的湿气能及时排出墙体。

• 当建筑物所处地区气候条件非常潮湿、采用上述方法都无法保证结构构件的防潮时，应采用经过加压防腐处理的木材作结构材。

设计、施工中的一些具体措施：

◇ 屋面（以沥青玻纤瓦的安装为例）；

• 防水基层的安装，见图 2-22；

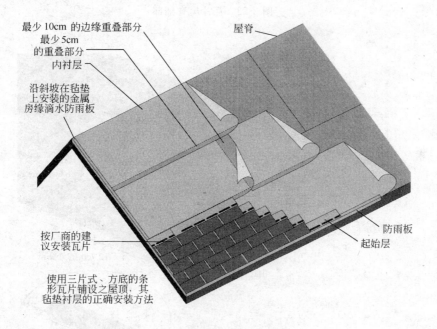

图 2-22 防水基层的安装

• 瓦片屋脊细部，见图 2-23；

• 屋顶斜脊处理，见图 2-24；

• 屋顶与墙体交接处的处理，见图 2-25。

◇ 墙面

• 正确使用沥青防水胶带或毡垫条将挡水板密封在门窗上方，见图 2-26；

• 外墙为砖饰面时的窗的节点，见图 2-27；

主要风向

12.7cm的外露部分

从此处开始

固定钉

12.7cm    2.5cm

14cm

第一层材料覆盖在起始层之上

起始层-沥青瓦片。按下图所示修剪掉7.5cm木质盖屋板或木瓦的长度取决于所要求的屋顶外露部分

将起始层修剪掉7.5cm

图 2-23　瓦片屋脊细部

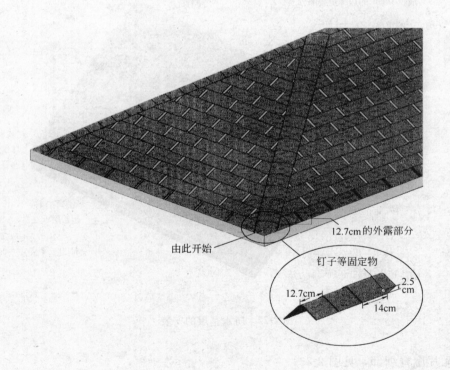

由此开始

12.7cm的外露部分

钉子等固定物

12.7cm    2.5cm

14cm

图 2-24　屋顶斜脊处理

- 外墙为普通粉刷时窗的节点，见图 2-28；
- 防雨板和耐风雨隔层，见图 2-29；
- 透气防水层的安装，见图 2-30；

- 窗周围防水节点，见图 2-31；
- 隔雨墙的细部，见图 2-32。

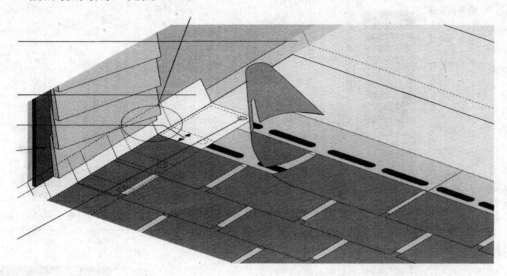

图 2-25  屋顶与墙体交接处的处理

无封口的端面防雨板　　　　　　　　　　　　　有封口的端面防雨板

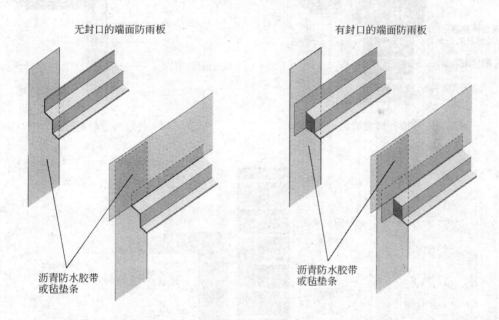

沥青防水胶带
或毡垫条　　　　　　　　　　　　　　　　　沥青防水胶带
　　　　　　　　　　　　　　　　　　　　　或毡垫条

图 2-26  沥青防水胶带或毡条与挡水板节点(包括无封口和有封口的挡水板)

3）防火

建筑物的防火是一项系统工程。它包括抑制火焰、消防报警、安全疏散、初期灭火以及消防通道等部分。构件本身的防火只是系统工程的一部分。

轻型木结构构件的防火措施是在构件外包覆不可燃或难燃材料。在北美，构件的耐火极限执行 ASTM E119 试验标准。

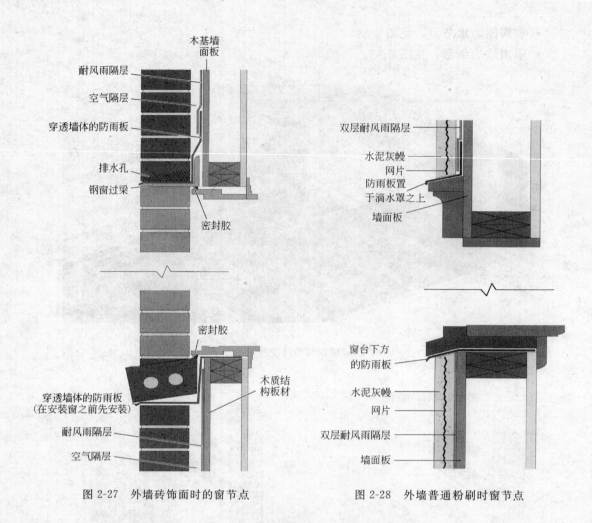

图 2-27　外墙砖饰面时的窗节点

图 2-28　外墙普通粉刷时窗节点

图 2-29　防雨板和耐风雨隔层

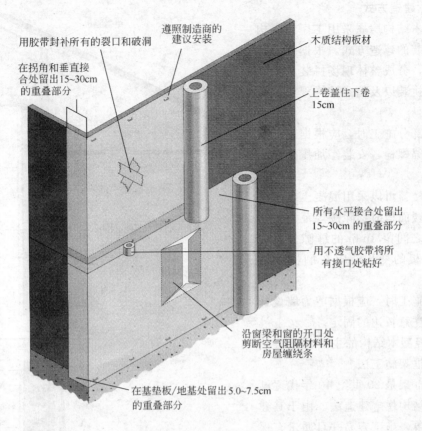

用胶带封补所有的裂口和破洞

在拐角和垂直接合处留出15~30cm的重叠部分

遵照制造商的建议安装

木质结构板材

上卷盖住下卷15cm

所有水平接合处留出15~30cm 的重叠部分

用不透气胶带将所有接口处粘好

沿窗梁和窗的开口处剪断空气阻隔材料和房屋缠绕条

在基垫板/地基处留出5.0~7.5cm 的重叠部分

图 2-30　透气防水层的安装

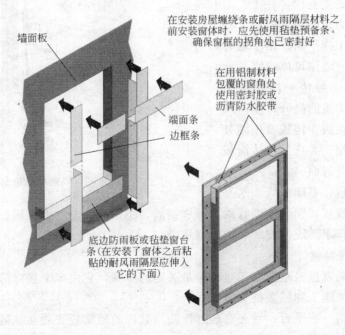

在安装房屋缠绕条或耐风雨隔层材料之前安装窗体时，应先使用毡垫预备条。确保窗框的拐角处已密封好

墙面板

在用铝制材料包覆的窗角处使用密封胶或沥青防水胶带

端面条

边框条

底边防雨板或毡垫窗台条(在安装了窗体之后粘贴的耐风雨隔层应伸入它的下面)

图 2-31　窗周围防水节点

## 2.3 建造方式

轻型木结构房屋采用工厂预制构件现场拼装的建造方式。根据现场拼装的程度，分成整体现场拼装、预制墙体现场拼装以及箱式结构现场拼装等方式。

基础部分施工时，应根据规范要求预埋地锚螺栓，安装经加压防腐的地梁板。

底层楼盖可以采用混凝土或木楼盖。施工楼面板时，除按规范的要求在板与板之间留 3mm 的缝隙外，为减少楼面板的变形，应在搁栅顶部施胶。

墙体施工时，应根据剪力墙设计的需要，注意板边的固定。

（1）轻型木结构的主要建造方法——平台框架施工法

平台框架是 20 世纪 40 年代逐渐兴起的木结构住宅建造法。由于其建造方法简单，施工容易并且质量有保障，现在已成为主要建造方法。

平台框架法的主要优势在于：组装好的楼板系统为组装和建造墙体提供了一个平台或工作平面。由于墙骨柱只有一层楼高，墙体可以很容易地在楼面上装配，一层楼一层楼地架设，不需要使用笨重的提升设备。墙体框架的底板和顶板在楼板及顶棚处起到挡火条的作用，并且为墙体面板和内部装修提供受钉面。

这一阶段包括：基础放线、水平校准、安装基础模板、预埋水电管线、预埋钢筋、浇筑混凝土、拆模板、基础墙防潮、基础墙周边及其他排水系统的安装和土方回填等。

（2）框架安装与就位

框架的安装与就位是整个施工过程中最关键的步骤，它由 3 个独立部分组成：楼盖框架施工、墙体框架施工和屋盖框架施工。

在基础上建造一层平台。首先将经加压防腐处理的地梁板安放在基础墙的顶部并加以锚固，再安装楼盖搁栅和楼面板。

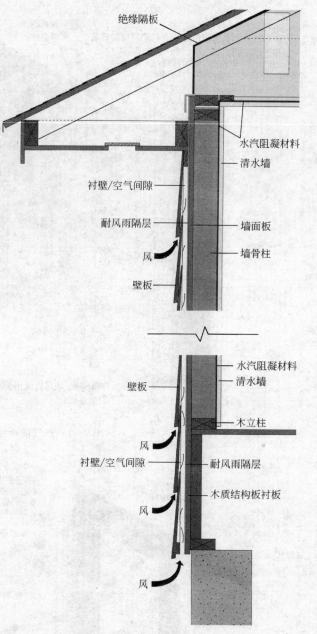

图 2-32 隔雨墙的细部

将一层平台作为工作平台，在平台上制作墙体框架（包括门窗）：在平台上先将墙骨柱及墙的顶梁板和底梁板钉合在一起形成墙框架，将墙面板和墙框架用钉连接，接着将连接在一起的墙面板和墙框架竖起就位，与楼板用钉连接，并设置临时支撑以便完成墙体的整体安装。墙体也可以在所在位置直接竖直建造。在建造上层楼盖或屋盖之前，应用顶梁板将各墙段连接在一起。

二层以上楼层的建造，与以上相同。

建造屋盖通常用工厂预制的屋盖桁架，也可用屋脊板和椽木，但其建造速度往往要比使用桁架慢得多。有时一个复杂的屋盖结构将需要同时采用桁架和椽木，将屋盖桁架与墙框架顶部固定后，再安装屋面板。

框架的安装通常还包括楼梯及楼梯周围临时扶手的安装。在结构框架完成后应立即在屋面板上安装泛水和屋面材料。外挑檐沟、雨水槽和落水管排水系统的安装可以在此阶段或在外墙装修之后进行，与建筑物相连的露台可以稍后施工。

（3）门窗的安装

用钉连接方式将门窗框与结构框架连接在一起。

（4）管道、机电系统安装

框架安装就位后，即可开始机电管线安装的前期工作或管线预敷设。结构框架内的风道、管道和电线的安装必须尽量不破坏框架结构的整体性。住宅内需要安装的管道、机电系统通常包括采暖、通风和空调管线，供水管接头和卫浴设备的上下水管道系统，燃气管线，电力管线，智能化系统配线等。

（5）室外装修

建筑物的外装修包括保温层、气密层及防潮层的施工和护墙板及终饰材料的施工。门窗框架缝隙的密封、墙上泛水、窗的上色油漆或装饰线也应在此阶段完成。

（6）室内装修

室内装修包括吊顶和墙面板的安装，室内门的安装，室内门窗线脚和踢脚板饰边的安装，地板或地毯的铺设，楼梯和扶手的安装，油漆、橱柜和电器设备的安装等。

## 2.4 轻型木结构规范的执行

### 1. 轻型木结构的材料规定

轻型木结构中的规格材、木基结构板材以及其他工程木产品的有关材料规定参见《木结构设计规范》（GB 50005—2003）中第 3 章中的有关规定。规格材的尺寸、目测分等标准以及经过足尺试验得到的设计标准参见该规范的附录 A、附录 J 和附录 N。鉴于目前我国国内的轻型木结构建筑大部分采用北美进口的规格材，规范提供了北美规格材材质等级与我国规格材采制等级的转换关系，见表 2-3。

北美规格材与 GB 50005 规范规格材对应关系                        表 2-3

| GB 50005 规范规格材等级 | 北美规格材等级 | GB 50005 规范规格材等级 | 北美规格材等级 |
| --- | --- | --- | --- |
| Ic | Select structural（精选结构级） | Vc | Stud（墙骨级） |
| IIc | No. 1（1 级） | VIc | Construction（结构级） |
| IIIc | No. 2（2 级） | VIIc | Standard（标准级） |
| IVc | No. 3（3 级） | | |

在规范应用上要注意以下几点：

（1）轻型木结构已列入新修编的《木结构设计规范》（GB 50005—2003）第 9 章、第 10 章，在中国设计和建造轻型木结构房屋必须遵循这一规范。

（2）规范第 9 章适用于建筑物每层面积不超过 600m$^2$、楼层数不超过 3 层且楼层高度不超过 3.6m 的建筑，同时构件间距、活荷载、抗震设防烈度、基本风压和剪力墙也应符合有关限制条件。如果不满足其中任何一个限制条件，则要进行工程计算。

（3）轻型木结构所用材料应符合《木结构设计规范》、《木结构工程施工质量验收规范》GB 50206 以及相关产品标准的规定。使用进口材应注意是否有经过认可的认证标识以及其他相关说明。

2. 轻型木结构的结构设计与验收

轻型木结构的结构设计参见《木结构设计规范》（GB 50005—2003）第 9 章中的有关规定。根据规定，当建筑物的面积、层数、层高以及所在地区的风荷载和地震荷载满足第 9.2.6 条的有关规定时，建筑物的剪力墙可按构造设计。其他情况下，所有构件均应进行结构计算。

（1）轻型木结构的防火设计

轻型木结构的防火设计参见《木结构设计规范》（GB 50005—2003）第 10 章中的有关规定。不同结构构件的燃烧性能和耐火极限参见该规范附录 R 的有关规定。

（2）轻型木结构的施工验收

轻型木结构的施工验收参见《木结构施工质量验收规范》（GB 50206—2002）。

# 第3章　砌块住宅建筑体系

## 3.1　概述

砌块建筑自古以来就广泛应用，黏土砖其实就是小砌块。随着国家对土地资源的保护力度的加大，各种替代黏土砖的砌块也应运而生，如混凝土砌块、石膏砌块、粉煤灰等工业废料为原料的砌块得到应用。随着材料科学的深入发展，相信还有更多更好的砌块面市。目前，混凝土砌块在国内得到广泛应用，其技术也日臻成熟。

砌体结构的技术原理很早就被人们认识到，每块砌块之间通过砂浆连接，相互咬合成一体，能够抗剪、承载，形成承重和非承重结构，这里不一一赘述。本章所述为小型混凝土承重砌块结构。

## 3.2　砌块住宅建筑体系特点

小型混凝土空心承重和装饰砌块是替代黏土实心砖，最终取代过度产品黏土空心砖及黏土页岩砖的首选墙体材料。它集块体轻、强度高、保温隔热性能好、抗震性能强、装饰效果好等诸多优点于一体，既有黏土砖的低廉价格，又有框架建筑的高强结构。广泛运用于低层、普通多层及小高层住宅、工业单层厂房、特别适用于连体和独立住宅，内外装饰效果好，永不褪色（如图 3-1、图 3-2）。

图 3-1

图 3-2

（1）砌块建筑结构性能可靠，抗震性能强

砌块建筑的结构是靠砌块砌体和用砌块空心孔洞加入钢筋混凝土形成的隐蔽的梁柱体系共同实现的。由于这种结构形式易于实现抗剪力合理分布、自重轻、惯性质量小、砌块抗变形能力强等特点，使其抗震性能大大提高。美国砌块建筑经历过大地震的严峻考验。专家们普遍认为配筋砌块建筑的抗震性能优于混凝土框架和剪力墙结构，因此，推广这种抗震性能更优越的砌块建筑具有特殊意义。

（2）施工技术简便，施工速度快

与黏土砖砌体施工相比，由于标准砌块体积为标准黏土砖体积的 9.6 倍，砌块砌体的砌筑速度可以大大提高。一个比较熟练的瓦工每天砌筑标准砌块 300～400 块，能砌筑

24～32m² 砌体墙面积；同样的瓦工每天仅能砌筑 1500～2000 块黏土砖，只能砌筑 "240mm 厚砖墙砌体" 墙面面积 11.6～15.4m²，砌筑砌块的工效提高了一倍多。与现浇混凝土剪力墙相比，不需绑筋、支模、拆模、龄期养护等工艺过程，施工速度也提高一倍以上。北京地区已施工的六层现浇楼板砌块墙体的住宅楼，正常结构工期为 40d；200～300m² 的独立住宅，正常结构工期 20～25d，与同面积砖混结构工期相比，施工速度提高近一倍。砌块建筑施工无需使用大型专用机械，一般瓦工稍加培训即可从事砌筑。

（3）建筑造价较低

与砖混住宅楼相比，砌块建筑因其基础处理费用低，砌筑砂浆用量少，内外装修工作量小，施工周期短，墙体材料用量减少等因素，使得工程造价大为降低。与剪力墙和组装式大板结构比，能降低造价约 20%，与框架填充结构比，能降低 30%～40%。

（4）房屋使用面积增大

由于砌块墙体较薄，与相同建筑面积的砖混结构相比，增加了使用面积。与 240mm 厚砖墙相比，多出 3%～5% 的使用面积；与 370mm 厚砖墙比，多出 5%～8% 的使用面积。同时还可以避免柱网结构中，柱体对使用空间的影响。

（5）隔声、防寒、防火性能优越，增加了建筑的舒适感和安全度。

（6）混凝土砌块墙体，由于进口砌块设备生产的砌块密实度高，隔声效果良好。

经测试墙体容重在 1200kg/m³ 的 190mm 厚砌块清水墙，其隔声效果大于 50dB。另外，混凝土砌块墙具有抗燃烧性能，190mm 厚砌块墙体的耐火度大于 2h，完全可以满足各种工业和民用建筑的要求。

（7）增加了建筑立面的装饰手段

砌块可以制成平面、条纹、劈裂、凿毛等各种饰面效果。各种饰面的砌块通过在原材料中掺入一些无机染料又能形成多种色彩，有利于改变目前建筑外装饰手段单调、重复的局面。

### 3.3 主体结构

（1）小型混凝土空心砌块基础

基础所有砌块孔洞内均应灌筑不低于 G15 混凝土（图 3-3）。这种混凝土为专用细石混凝土。灌筑混凝土一是增加基础的承重抵抗能力，二是为了防止地表水浸入房心土内，即为底层防潮。

（2）小型混凝土承重空心砌块外墙的几种做法

1）清水砌块外墙。砌块色彩多样，砌筑完成之后，采用特殊的水泥砂浆勾缝；

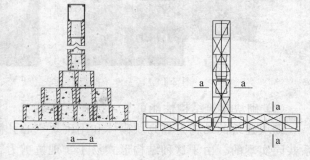

图 3-3

2）外墙外保温，墙外表面粘贴保温材料；

3）外墙夹心保温复合墙，多为 190 承重砌块和 90 劈裂饰面砌块之间夹放保温材料。这种外墙面效果比石材价廉物美，花样品种多，不脱落，深受欢迎；

4）光面砌块复合墙，与上面做法一样，就是外表面另加一道工序喷涂，这比劈裂面更廉价。

（3）空心混凝土承重砌块内墙做法

1）内墙与外墙同步砌筑；

2）如工程较大需要划分流水段时，可在门窗口边设置；

3）主体结构完成后，内装修上料垂直运输只能采用竖井架，内部水平运输需在承重内墙体留临时洞口通行，洞口两侧可留直搓，其两侧在砌筑时每 200mm 高留出镀锌钢筋网片，通行时将钢筋网片揿弯，完工后补砌，砂浆标号需提高一级，钢筋网片调直互相搭接。

（4）楼板的做法

1）现浇楼板整体性好，抗震性能强，工程造价低，但工期稍长，需要支模、绑筋、养护、拆模等工序；

2）预制楼板造价高，工期稍缩短，但抗震性能差，对于开发商来讲不宜采纳。

（5）屋面做法

1）平屋顶女儿墙或花式栏杆保温防水按常规做法。若屋面兼看台时，需要在防水屋面加铺砌 60mm 厚的混凝土小方砖，花样任选；

2）坡屋面在混凝土表面铺设需要的瓦即可。

### 3.4　建造方式

（1）现场砌筑。

（2）在施工与结构设计中应注意变形缝的处理。

在混凝土砌体墙早期养护过程中，对混凝土砌体的变形应引起特别注意，因它在砌块中会引起拉应力。一方面，混凝土砌体墙的建造过程中，由于砂浆会增加砌体的湿度，引起墙体膨胀。随着砂浆的硬化及砌块的干燥，墙体也相应收缩；另一方面，天气干燥时面层失水较快，砌体收缩使内部墙体受压，

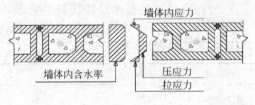

图 3-4

面层受拉（图 3-4）。当其拉应力超过混凝土的抗拉强度时，混凝土砌体开裂。

混凝土砌体结构中常用下列控制开裂的方法：

1）选用干缩性小的材料；

2）增加配筋，以抵抗拉应力，提高抗裂应力；

3）设计控制缝以确保变形有限。

### 3.5　砌块结构规范的执行

（1）房屋的总高度和层数应符合《混凝土小型空心砌块建筑技术规程》（JGJ/T 14—95）第 5.1.5 条和 5.3.6 条的规定。

（2）房屋高度比和抗震横墙的最大间距应符合《混凝土小型空心砌块建筑技术规程》JGJ/T 14—95 第 5.1.6 条和 5.1.7 条的要求。

（3）墙体定位以承重砌块中心为轴线，每边 100mm，轴线至洞口边除 200mm 和 400mm 外，其他按 100mm 的进数均可。门窗宽度与轴线尺寸有关，两轴线尺寸为偶数

时，门窗宽度为偶数；两轴线尺寸为奇数时，门窗宽度尺寸也为奇数，只有这样门窗两边才不会出现不符合砌块模数的尺寸。

（4）芯柱设计应满足《混凝土小型空心砌块建筑技术规程》JGJ/T 14—95 第 5.3.1 条、5.3.6 条中相应条款的规定。

## 3.6 技术经济分析

（1）小型承重混凝土砌块每建筑平方米分部分项工程北京地区综合造价见表 3-1。

分部分项工程综合造价　　　　　　　表 3-1

| 部　位 | 单位面积单价（元/m²） | 土建造价比（%） | 综合造价比（%） |
|---|---|---|---|
| 基础部分 | 159 | 18.28 | 15.46 |
| 墙体部分 | 142.44 | 16.38 | 13.85 |
| 钢筋混凝土及混凝土工程 | 203.88 | 23.44 | 19.83 |
| 门窗部分 | 152.4 | 17.52 | 14.82 |
| 楼地面工程 | 114.72 | 13.19 | 11.16 |
| 内装修（包括保温） | 97.32 | 11.19 | 9.46 |
| 土建小计 | 869.76 | 100 | 84.58 |
| 给排水 | 37.55 | | 3.65 |
| 采　暖 | 40.3 | | 3.92 |
| 电　气 | 80.76 | | 7.85 |
| 工程造价 | 1028.37 | | 100 |

（2）砌块建筑的技术经济优势，见表 3-2。

混凝土空心砌块与 KP1 空心黏土砖性价比　　　　　　　表 3-2

| 类　别 | 混凝土空心砌块 | KP1 空心黏土砖 |
|---|---|---|
| 造价（每 m² 墙面） | 61.5 元 | 59.59 |
| 自　重 | | |
| 支模板 | 不　用 | 用 |
| 平整度 | 较　好 | 一　般 |
| 使用面积 | 增　加 | 一　般 |
| 工　期 | 相当于 KP1 的 1/3 | |
| 墙面装饰 | 可为清水墙 | 必须抹灰 |

# 第4章　高强水泥复合墙体住宅建筑体系

## 4.1　概述

高强水泥复合墙体建筑体系（简称"高强水泥建筑体系"）是美国的一种用于低层住宅的营造技术：将发泡聚苯乙烯板（EPS）作为复合墙体的核心体（兼作保温材料），在其两面喷涂高强水泥而形成高强水泥复合板，作承重的复合墙体。

高强水泥建筑体系主要用于两层以下的住宅，其关键技术就是专用高强水泥复合板。专用高强水泥是在普通水泥中掺加一种特殊添加剂后形成的，能在几十分钟内凝固，并可以与不同材质的材料表面紧密地粘结起来。其抗压、抗拉和抗弯强度都非常高，而且具有一定的韧性。复合板两侧的表面不再需要附加任何保护材料，便可直接进行内外建筑装修。专用高强水泥层的厚度由结构计算决定，厚度越大，强度越高。高强水泥层的厚度一般为13mm，聚苯板厚度根据美国的保温要求约 $150 \sim 180$mm，故整个复合墙体厚约 $180 \sim 200$mm。上述的关键技术在国际上属于首创，在美国及南美地区已进行了一定规模的实际应用，技术体系日趋成熟。

## 4.2　高强水泥住宅建筑体系的特点

高强水泥建筑体系已通过美国建筑产品质量监督检验部门（ASTM）的鉴定认可，国际建筑质量测定机构（ICBO）正在进行全面测定。

高强水泥复合墙体的保温性能极佳，当墙厚为 127mm 时，传热系数 $K = 0.41$W/$(m^2 \cdot K)$，当墙厚为 178mm 时，$K = 0.28$W/$(m^2 \cdot K)$，而北京地区 $K$ 的限值为 $0.82 \sim 1.16$W/$(m^2 \cdot K)$，说明该墙体的保温性能高于我国现行建筑节能标准。

这种建筑体系抗震性能好，可在高烈度地震区建造。它还可以抗拒每小时 190km 的风力。

高强水泥建筑体系的主要优势有：

(1) 建造速度极快。一座 200m² 小住宅的主体可在两周内全部完成。

(2) 墙体所用材料为新型绿色环保建材。

(3) 除特殊添加剂外，其余都可以使用国产建材。

(4) 成本低，价格极具竞争力。

(5) 轻质。80%以上的主体建筑材料为轻质无毒的聚苯板。

(6) 优良的防火性能。高强度水泥和聚苯板都是非燃烧材料。

(7) 优良的保温性能。

(8) 优良的抗压、抗拉能力。搀加添加剂后的高强度水泥具有很高的抗压、抗拉能力。

(9) 优良的抗震、抗风能力。因复合墙体与屋面板连接成整体，且建筑自重轻，有利于抗震。

(10) 优良的抗腐性和耐久性。

（11）极强的防潮和抗冻性，隔声效果良好，使用安全。

（12）可直接使用当地的劳动力，现场施工相对简单。

高强水泥建筑体系主要用于两层以下的小住宅，设计建造可借鉴北美与之相关的规范。高强水泥复合板可以进行工厂化生产，不但可以制成预制聚苯板，还可生产非承重的外墙复合板、内隔墙复合板及屋面复合板，可为国内墙体复合板市场提供一种高新技术产品。同时，高强水泥建筑体系也可应用在围墙建造。此体系也可与其他建筑体系组合使用。

图 4-1　专用高强水泥　　　　图 4-2　墙体施工　　　　图 4-3　用该体系建造的房屋

### 4.3　建筑结构

1. 主体结构

（1）承重内外墙体

高强水泥复合墙体即为本建筑体系的承重内外墙。

（2）楼板

1）压型钢板上现浇混凝土。

2）预制预应力混凝土空心板。

3）木龙骨复合楼板。

4）轻钢龙骨复合楼板。

（3）屋面

屋面结构采用与墙体同样的结构形式—由 C 型轻钢龙骨将聚苯板固定就位，再喷涂高强水泥。

（4）基础

混凝土条形基础。

2. 辅助结构和设备、设施

（1）围护结构

1）本建筑体系的复合墙体即为带有饰面层的外墙围护结构，也可根据设计直接在其表面做额外饰面层。

2）外门窗采用塑钢双玻窗（或中空玻璃）等符合我国建筑节能标准的门窗产品。

（2）非承重内隔墙

可选用植物纤维高强空心复合隔墙板、石膏空心砌块、石膏空心条板、双纤维增强石膏复合板、轻钢龙骨石膏板等。

（3）各种管线的铺设

将管线埋于地面或墙体内，或集中走管井、管墙。

（4）卫生间防水

卫生间地面与墙面采用本建筑体系的高强水泥时，无需做防水处理。采用其他材料时，应作防水处理。

## 4.4 建造方式

把在工厂按设计要求切割成型、标有定位号码的聚苯板运到现场（也可现场切割）组装。聚苯板的尺寸一般采用 1.2m×2.4m 的标准尺寸板材，便于运输。聚苯板相互之间由 C 型轻钢龙骨连接固定。聚苯板墙体则与固定在混凝土基础上的 C 型轻钢龙骨相连接。在建筑物转角处等关键部位用金属网作局部加强，并用竖向钢筋拉杆将聚苯板墙体与混凝土基础牢牢地连接在一起，然后以安装墙体同样的方法安装屋面板。至此，一幢用聚苯板和轻钢龙骨构成的结构框体便告完成。

门、窗的安装与墙体同步进行。门窗位置在切割聚苯板时按设计预留。窗框和门框用保护胶条封贴，避免喷抹高强水泥时被污染。与此同时，完成管线安装埋设工程。

在以上工序全部完成后，即可用机械或手工喷抹 13mm(1/2 英寸)厚的专用高强水泥，待其凝固增强后主体工程就完成了，最后进行设备安装和装修工程。

# 第5章 聚苯板免拆模住宅建筑体系

## 5.1 概述

聚苯板保温混凝土免拆模建筑体系(简称"聚苯板免拆模建筑体系",又称"ICF体系")是一种利用发泡聚苯乙烯板(EPS)作为现浇混凝土墙体模板兼作保温构造的建造技术。模板由工厂定制的聚苯板及其连接件组成。连接件由高强度聚乙烯制作,它可以将小块聚苯板从4个方向固定连接成整体模板。这种模板与浇筑其间的(钢筋)混凝土组成坚固的实心墙体。墙体厚度由4种不同规格的连接件来调节(4、6、8、10英寸)。这种建筑体系在国外主要用于建造高级别墅、Townhouse及公寓等,在欧洲和北美分别有近30年和20年的历史,符合欧洲及北美地区的建筑规范,是一种成熟的技术。

## 5.2 聚苯板免拆模住宅建筑体系的特点

(1) 材料先进。采用第二代聚苯乙烯(EPS)材料,其特点是无污染,高温燃时不会释放有毒气体;耐环境能力强,不易开裂;强度高,是第一代EPS的5~10倍;阻燃且能防止白蚁和老鼠等可能对墙体结构的损害。

(2) 设计合理,性能卓越。ICF体系将传统现浇建筑中的模板、保温、隔声等工程一体化,墙体的节能效果极佳,创造了舒适、健康的居住环境,大大提升了住宅的整体品质。

(3) 建造灵活简便。ICF体系的模板构件由工厂预制完成,其规格尺寸符合我国的建筑模数。构件可任意切割、弯曲和变换角度,富于表现力,为建筑设计提供了更大的灵活性。模板拼装简单,不需特殊及大型工具,降低了施工难度,缩短了施工周期。

(4) 性价比高。如上所述,用ICF体系建造的住宅,其性能远高于用传统方式建造的住宅,但价格并不昂贵,按墙体面积计算,每平方米低于300元人民币(工地交货价)。

(5) 聚苯板保温混凝土免拆模建筑体系主要应用于4层以下的住宅。

## 5.3 建筑结构

1. 主体结构

(1) 承重内外墙体

免拆模保温混凝土复合墙体即为内外承重墙(与普通钢筋混凝土剪力墙结构类似)。

(2) 楼板及屋面

1) 压型钢板上现浇混凝土。

2) 预制预应力混凝土空心板。

3) 轻钢龙骨复合楼板。

4) 木结构

(3) 基础

混凝土条形基础。

2. 构造和设备、设施

1）免拆模保温混凝土复合墙体即为外墙围护结构。其表面要做保护饰面层。

2）外门窗采用中空玻璃等符合我国建筑节能标准的门窗产品。

3）非承重内隔墙

可选用植物纤维高强空心复合隔墙板、石膏空心砌块、石膏空心条板、双纤维增强石膏复合板、轻钢龙骨双纤维石膏板等轻质墙体。

4）各种管线的铺设

将管线埋于地面或墙体内，或集中走管井、管墙。

5）卫生间防水

卫生间地面应作防水处理。

## 5.4 建造方式

按设计要求绑扎墙体钢筋，预留好门、窗位置，将木条固定在混凝土条形基础上，然后用高强度聚乙烯连接件安装聚苯板模板，模板固定在基础上的两条木条之间。模板两侧每隔 2m 加临时支撑杆件，保证浇筑混凝土时不移动。一个 3m 高的墙体，一般分 3 次浇筑，以保证混凝土质量。模板尺寸为 1219mm×305mm，模板之间为榫接连接，最高可达 4m。模板连接件的间隔根据位置而定，一般为 600mm 或 300mm。当混凝土凝固后，便与模板形成一体，构成复合墙体。楼板和屋面板可采用木结构或钢筋混凝土现浇板。

# 第6章 建筑模网免拆模住宅建筑体系

## 6.1 概述

建筑模网免拆模建筑体系(简称"模网建筑体系"),是法国杜朗夫妇于1983年发明的一种用于住宅建造的新型建筑体系,已从法国引进我国,在国内建立了生产厂。该体系由钢板网、竖向加劲肋及水平折钩拉筋和不振捣、自密实混凝土几部分组成承重墙体。钢板网、加劲肋及折钩拉筋在工厂制作,在施工现场定位组装,内浇不振捣自密实混凝土(混凝土内可掺50%以上粉煤灰填充料)组成实体墙体。墙体厚度有160mm、200mm和250mm3种。在外墙模网外侧增添一层发泡聚苯乙烯保温材料,即可成为工厂化生产的一次成型的外墙外保温复合墙体。

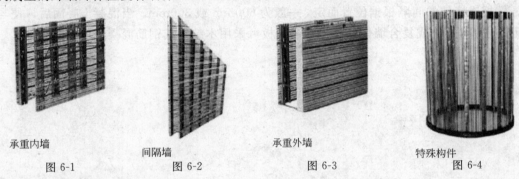

| 承重内墙 | 间隔墙 | 承重外墙 | 特殊构件 |
|---|---|---|---|
| 图 6-1 | 图 6-2 | 图 6-3 | 图 6-4 |

## 6.2 模网住宅建筑体系的特点

(1)现场施工相对简单,省去模板工序,混凝土不需振捣,建造速度快。

(2)墙体所用材料为绿色环保建材,可以充分利用工业废料,变废为宝,在保护环境、降低工程造价方面有较大的优越性。

(3)全部使用国产建材。

(4)具有优良的防火性能和隔热保温性能。

(5)具有优良的抗震性能。

(6)具有优良的坚固性和耐久性。

(7)可避免混凝土收缩引起的变形和裂缝。

模网建筑体系的主要构件由工厂制作,尺寸可以任意切割,设计有较大的灵活性。外墙及内隔墙均可使用,且具有渗滤效应、消除溶器效应、环箍效应和限裂效应。

模网建筑体系已有建造6层以下住宅的实例,开间可达5.1m。有关企业已编制了建筑模网及外保温技术设计及施工规程(草案)和建筑模网构造图集(试用图)。

## 6.3 建筑结构

1. 主体结构

(1)承重内外墙体

现浇建筑模网混凝土复合墙(与普通混凝土剪力墙结构类似)。

（2）楼板

现浇钢筋混凝土楼板。

（3）屋面

1）现浇钢筋混凝土屋面；

2）预制轻板屋面。

（4）基础

混凝土条形基础。

2. 构造和设备、设施

（1）现浇混凝土保温复合墙体即为外围护结构，可以直接在其表面进行饰面工程。

（2）采用塑钢双玻或铝合金双玻(断桥)门窗。

（3）非承重内墙可选用植物纤维高强空心复合隔墙板、石膏空心板条或砌块、轻钢龙骨双纤维石膏板等轻质墙体。

（4）管线预埋于墙体、楼板中。

## 6.4 建造方式

图 6-5　基槽开挖　　　图 6-6　支模网　　　　图 6-7　浇注混凝土

检查地基基础是否平整，并应凿掉松动粗骨料，其埋设的预埋连接筋，应符合设计要求。确定墙体轴线及建筑模网位置线。在模网底部墙体线的两侧线外固定木方或龙骨，在模网上部也用木方固定，使两层模网间距保持规定尺寸。模网立面用木方或龙骨斜撑支牢。墙体节点有十字型连接件、T型连接件、一字型连接件和补网网片。在模网转角处，为防止浇注混凝土挤胀变形，应进行拉结加固处理。混凝土采用中砂，严格控制含泥量，碎石粒径控制在 5～25mm。混合材料可用粉煤灰、煤矸石等工业废渣，要严格控制腐蚀物质和放射性物质含量。混凝土塌落度要求泵送时在 140～160mm，人工浇注时在 100～120mm。塌落度损失控制在 2.0cm/h 以内。照明电线和通讯管线布置在模网内，应在浇注混凝土前完成。上下水管、暖气管应预留孔洞，亦应在浇注混凝土前完成。

# 第7章 新能源在住宅中的应用

环境污染和能源危机已成为威胁人类生存的头等大事，如何解决这一课题，已成为全人类的关注焦点。现代社会的生产和生活，依赖于能源的大量消耗。全球小于100℃低温用热的能耗占总能耗的一半左右。把煤炭、天然气等一次能源和电能等二次能源降级使用，转换过程中利用率低，而且排污量大，导致了能源的浪费和环境的严重污染。另外，由于液体燃料短缺、石油大量进口导致的国家安全隐患也已经非常严重，这些已经成为中国实现经济和社会可持续发展、提高人民生活水平、全面建设小康社会和保证国家能源安全的重要障碍。

面对生存环境不断恶化、全球能耗日益增长、化石能源步入枯竭的巨大挑战，人类的应对战略只能是：将总排放控制在允许的范围之内；提高能效，降低能耗，尽量延长化石能源的利用年限；积极开发利用可再生能源和新能源，保证人类的可持续发展。开发利用可再生能源和新能源应该是根本性的和长远的战略措施。

本章将重点介绍地源热泵技术和太阳能利用技术在住宅中的应用。

## 7.1 地源热泵

### 1. 热泵与建筑供热和空调

我国的供热已经历了一家一户的小煤炉到燃煤锅炉的转变。为了保护大气环境，现在又进一步禁止在城镇住区建设中采用小型燃煤锅炉。因此，除了集中供热的形式以外，急需发展其他的替代供热方式。热泵就是能有效节省能源、减少大气污染和 $CO_2$ 排放的供热和空调新技术。热泵技术作为一种有益于环境保护和可持续发展的冷热源形式，已经引起了国内建筑设计单位、房地产开发商、生产厂商以及公众的广泛兴趣。

热泵（制冷机）是通过作功使热量从温度低的介质流向温度高的介质的装置。建筑的空调系统一般应满足冬季的供热和夏季制冷两种相反的要求。传统的空调系统通常需分别设置冷源（制冷机）和热源（锅炉）。采用热泵系统，夏季可以按制冷机模式运行，冬季则以热泵的模式运行。这样就可以省去供暖锅炉，不但节省了初投资，而且全年仅采用电力这种清洁能源，大大减轻了供暖造成的大气污染问题。

采用热泵为建筑物供热可以大大降低一次能源的消耗。通常我们通过直接燃烧矿物燃料（煤、石油、天然气）产生热量，并通过若干个传热环节最终为建筑供热。在锅炉和供热管线没有热损失的理想情况下，一次能源利用率（即为建筑物供热的热量与燃料发热量之比）最高可为100％。但是，燃烧矿物燃料通常可产生1500～1800℃的高温，是高品位的热能，而建筑供热最终需要的是20～25℃的低品位的热能；直接燃烧矿物燃料为建筑供热意味着大量可用能的损失。如果先利用燃烧燃料产生的高温热能发电，然后利用电能驱动热泵从周围环境中吸收低品位的热能，适当提高温度再向建筑供热，就可以充分利用燃料中的高品位能量，大大降低用于供热的一次能源消耗。供热用热泵的性能系数（COP），即供热量与消耗的电能之比，现在可达到3～4；火力发电站的效率可达35％～58％（高值

72

为燃气联合循环电站）。采用燃料发电再用热泵供热的方式，在现有先进技术条件下一次能源利用率可以达到200%以上。此外，采用热泵空调系统还可以兼顾生活热水供应，特别在制冷（空调）工况下，可利用制冷产生的废热加热热水，不需要额外消耗能量。因此，采用热泵技术为建筑物供热可大大降低供热的燃料消耗，不仅节能，同时也大大降低了燃烧矿物燃料而引起的 $CO_2$ 和其他污染物的排放。

热泵利用的低温热源通常可以是环境（大气、地表水和大地）或各种废热。应该指出，由热泵从这些热源吸收的热量属于可再生的能源。

## 2. 空调热泵的分类及其优缺点

以建筑物的空调（包括供热和制冷）为目的的热泵系统有许多种，例如有利用建筑通风系统的热量（冷量）的热回收型热泵和应用于大型建筑内部不同分区之间的水环热泵系统等。这里主要讨论利用周围环境作为空调冷热源的热泵系统。就其性质来分，国外的文献通常把它们分为空气源热泵（Air source heat pump，ASHP）和地源热泵（Ground source heat pump，GSHP）两大类。地源热泵又可进一步分为地表水热泵（Surface-water heat pump，SWHP）、地下水热泵（Ground-water heat pump，GWHP）和地下耦合热泵（Ground-coupled heat pump，GCHP）。我国对热泵系统的术语尚未形成规范的用法。例如对地下水热泵系统有"地温空调"的商业名；而地下耦合热泵则在一些文献中称为"土壤源热泵"，或直接称为"地源热泵"。

空气源热泵以室外空气为热源。在供热工况下将室外空气作为低温热源，从室外空气中吸收热量，经热泵提高温度送入室内供暖。空气源热泵系统简单，初投资较低。空气源热泵的主要缺点是在夏季高温和冬季寒冷天气时热泵的效率大大降低。而且，其制热量随室外空气温度降低而减少，这与建筑热负荷需求趋势正好相反。因此当室外空气温度低于热泵工作的平衡点温度时，需要用电或其他辅助热源对空气进行加热。此外，在供热工况下空气源热泵的蒸发器上会结霜，需要定期除霜，这也消耗大量的能量。在寒冷地区和高湿度地区热泵蒸发器的结霜可成为较大的技术障碍。在夏季高温天气，由于其制冷量随室外空气温度升高而降低，同样可能导致系统不能正常工作。空气源热泵不适用于寒冷地区，在冬季气候较温和的地区，如我国长江中下游地区，已得到相当广泛的应用。

另一种热泵利用大地（土壤、地层、地下水）作为热源，称之为"地源热泵"。由于较深的地层中在未受干扰的情况下常年保持恒定的温度，远高于冬季的室外温度，又低于夏季的室外温度，因此地源热泵可克服空气源热泵的技术障碍，且效率大大提高。此外，冬季通过热泵把大地中的热量升高温度后对建筑供热，同时使大地中的温度降低，即蓄存了冷量，可供夏季使用；夏季通过热泵把建筑物中的热量传输给大地，对建筑物降温，同时在大地中蓄存热量以供冬季使用。这样在地源热泵系统中大地起到了蓄能器的作用，进一步提高了空调系统全年的能源利用效率。

地下水源热泵系统的热源是从水井或废弃的矿井中抽取的地下水。经过换热的地下水可以排入地表水系统，或者按有关部门的规定将地下水回灌到原来的地下水层。这种系统需要有丰富和稳定的地下水资源作为先决条件。在采用地下水热泵系统之前，应做详细的水文地质调查，并先打勘测井，以获取地下水温度、地下水深度、水质和出水量等数据。地下水热泵系统的经济性与地下水层的深度有很大的关系。如果地下水位较低，不仅成井的费用增加，运行中水泵的耗电也将大大降低系统的效率。此外，虽然理论上抽取的地下水将回灌到地下水层，但目前国内地下水回灌技术还不成熟，在很多地质条件下回灌的速度大大低于抽水的速度，从地下抽出来的水经过换热器后很难再被全部回灌到含水层内，造成地下水资源的流失。此外，即使能够把抽取的地下水全部回灌，怎样保证地下水层不受污染也是一个棘手的课题。水资源是当前最紧缺、最宝贵的资源，任何对水资源的浪费或污染都是绝对不允许的。国外由于对环保和使用地下水的规定和立法越来越严格，地下水热泵的应用已逐渐减少。

地表水热泵系统的热源是池塘、湖泊或河溪中的地表水。在靠近江河湖海等大体量自然水体的地方利用这些自然水体作为热泵的低温热源是值得考虑的一种空调热泵的形式。当然，这种地表水热泵系统也受到自然条件的限制。此外，由于地表水温度受气候的影响较大，与空气源热泵类似，当环境温度越低时热泵的供热量越小，而且热泵的性能系数（COP）也会降低。一定的地表水体能够承担的冷热负荷与其面积、深度和温度等多种因素有关，需要根据具体情况进行计算。这种热泵的换热对水体中生态环境的影响也需要预先加以考虑。

地下耦合热泵系统是利用地下岩土中热量的闭路循环的地源热泵系统。"地下耦合热泵"的名称直译自英文，不通俗。通常也称之为"闭路地源热泵"（Closed-loop ground source heat pump）以区别于地下水热泵系统，或直接称为"土壤源热泵"。它通过循环液（水或以水为主要成分的防冻液）在封闭地下埋管中的流动，实现系统与大地之间的传热。在冬季供热过程中，流体从地下收集热量，再通过系统把热量带到室内。夏季制冷时系统逆向运行，即从室内带走热量，再通过系统将热量送到地下岩土中。因此，土壤源热泵系统保持了地下水热泵利用大地作为冷热源的优点，同时又不需要抽取地下水作为传热的介质。它是一种可持续发展的建筑节能新技术。1998年美国能源部颁布法规，要求在全国联邦政府机构的建筑中推广应用地下耦合热泵供热空调系统。为了表示支持这种节能环保的新技术，美国总统布什在他的得克萨斯州的宅邸中也安装了这种地源热泵空调系统。

3. 地源热泵的特点

（1）属可再生能源利用技术

地源热泵是利用了地球表层所吸收的太阳能和地热能作为冷热源，进行能量转换的供暖空调系统。地表土壤和水体不仅是一个巨大的太阳能集热器，收集了47％的太阳辐射能量，比人类每年利用能量的500倍还多（地下的水体是通过土壤间接的接受太阳辐射能量），而且是一个巨大的动态能量平衡系统，地表的土壤和水体自然地保持能量接受和散发的相对均衡。这使得利用贮存于其中的近乎无限的太阳能或地能成为可能。所以说，地源热泵利用的是清洁的可再生能源。

（2）高效节能

地源热泵机组充分利用了地表层的低位热源温度冬季比环境空气温度高、夏季比环境空气温度低的特点，有效利用了地源能量，其COP可以达到4以上。据美国环保署EPA估计，设计安装良好的地源热泵，平均来说可以为用户节约30％～40％的供热和空调的运行费用。

（3）运行稳定可靠

地源的温度一年四季相对稳定，其波动的范围远远小于空气的变动，是很好的热泵热源和空调冷源。其温度较为恒定的特性，使得热泵机组运行更可靠、稳定，也保证了系统的高效性和经济性。不存在空气源热泵的冬季除霜等难点问题。

(4) 环境效益显著

地源热泵减少了一次能源的消耗，从而降低了由此所导致的污染物和二氧化碳温室气体的排放。设计良好的地源热泵机组的电力消耗，与空气源热泵相比，可减少 30% 以上，与电供暖相比，可减少 70% 以上。

地源热泵机组的运行没有任何污染，可以建造在居住区内，没有燃烧，没有排烟，也没有废弃物，不需要堆放燃料废物的场地，且不用远距离输送热量。

(5) 一机多用，应用范围广

地源热泵系统可供暖、制冷，还可供生活热水，一机多用，一套系统可以替换原来的锅炉加空调的两套装置或系统。特别是对于同时有供热和供冷要求的建筑物，地源热泵有着明显的优点。不仅节省了大量能源，而且用一套设备可以同时满足供热和供冷的要求，减少了设备的初投资。地源热泵可用于宾馆、商场、办公楼、学校、低密度住宅等建筑，小型地源热泵更适合于别墅的采暖和空调。

(6) 自动运行

地源热泵机组由于工况稳定，所以系统设计简单，部件较少，机组运行简单可靠，维护费用低；自动控制程度高，使用寿命长可达到 15 年以上。

4. 地源热泵系统的国内外应用状况

地下水源热泵系统在国外的发展经历了几次波折。1948 年第一台地下水源热泵系统在俄勒冈州运行，掀起了 20 世纪 40~50 年代欧洲和美国地源热泵研究的第一次高潮，美国西部乃至全美均开始大量安装地源热泵，而华盛顿也逐渐成为了美国地源热泵安装和使用的领头羊。在第一次高潮中，开始安装的大部分为地下水源热泵系统，由于采用直接式系统，这些系统在建成的 15 年内都由于腐蚀和生锈而无法再使用，由此地下水源热泵系统应用进入了低潮期。直到上个世纪 70 年代末，世界石油危机的出现，使得石油的价格不断上涨，对能源的需求也越来越紧迫，人们的注意力开始集中到节能和高效利用能源上来。地下水源热泵系统作为一种节能和环保的供热、制冷方式重新引起了暖通人员和业主的注意。而且，由于板式换热器的引入，地下水源热泵机组的性价比提高，地下水源热泵系统尤其是闭式地下水源热泵系统开始大量安装使用。相对于壳管式换热器来说，板式换热器的换热温差更小，更适宜于低温地热的应用。

美国地下水源热泵系统的应用一直呈上升趋势。据美国能源信息部的调查表明：美国地下水源热泵（ARI-325）在 1994、1995、1996、1997 年的生产量分别为 5924、8615、7603、9724 台，除 1996 年外，基本呈直线上升趋势。美国在过去的 10 年内，地源热泵的年增长率为 12%，现在大约有 500000 套（每套相当于 12kW）地源热泵系统在运行，每年大约有 50000 套地源热泵在安装，其中开式系统占 15%。当前，美国地源热泵应用最多的地方是学校和办公建筑，2003 年刚一开始就有 1200 所学校新建和改建了地源热泵系统。全美也是世界最大的地下水源热泵系统安装在肯塔基州路易维尔市的一幢旅馆办公建筑中，它能够提供 10MW 的冷、热量。1998 年美国华盛顿的地源热泵协会（Geothermal Heat Pump Consortium）调查表明：业主对地源热泵的满意率大多在 90% 以上，最低的项目不低于 84%，40% 的居民熟悉地源热泵工艺，50% 的业主熟悉地源热泵工艺。

在欧洲的中部和北部，由于气候寒冷，地源热泵主要应用于采暖模式。原联邦德国计划到 1990 年生产热泵 350 万台，其中地下水源热泵占 14%，基本都是单向的大型热泵，制热量为 400～600kW，由燃气发动机驱动。图 7-1 给出了德国 1996～2002 年不同类型热泵年销售情况。瑞典政府在地源热泵应用的初期采取了一定的补贴政策，不过 20 世纪 90 年代以来，政府取消补贴，但地源热泵仍以 1000 套/年的速度增长，全国累计安装了 23 万套地源热泵系统，其中 18 万套为开式循环系统。20 世纪 80 年代初以来瑞典地源热泵的销售情况如图 7-2 所示。图 7-3 为瑞士 1986 年以来地源热泵安装数量的发展情况。

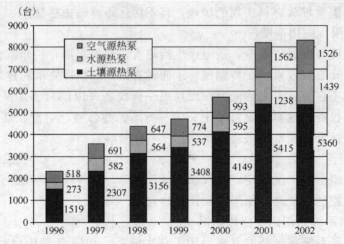

图 7-1　德国 1996～2002 年不同类型热泵年销售情况

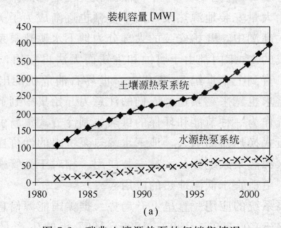

(a)

图 7-2　瑞典土壤源热泵的年销售情况

　　我国地下水源热泵从 1997 年开始学习和引进欧洲产品，出现了大规模的地下水源热泵采暖工程项目，到 1999 年底，全国大约有 100 套地下水源热泵供热/制冷系统，其中较为成功的实例有：内蒙古的一幢宾馆和综合建筑、沈阳军区白城军分区、山东东营市中胜集团办公楼、河北承德市乾阳大酒店和司达公司办公楼、石家庄某综合楼、河南济源政府环形大楼、空军丰台办公楼和招待所等。

　　为了加强中美两国在能源效率与再生能源领域的技术交流和合作，改善中国的能源结构，促进节能、环保和资源的综合利用，美国能源部和中国科技部于 1997 年 11 月签署了中美能源效率及可再生能源合作议定书，其中一项内容就是地源热泵的发展战略。1998

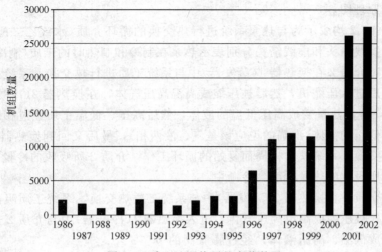

图 7-3　瑞士地源热泵的安装数量

年 10 月，中美两国确定在我国的北京（代表北部寒冷地带）、杭州（代表中部夏热冬冷地带）和广州（代表南部亚热带）各选一家单位与美国能源部推荐的地源热泵生产商合作建立 3 个地源热泵示范工程，以推广这种"绿色技术"，缓解中国对煤炭和石油的依赖程度。在这 3 个示范工程项目中，两个为地下水源热泵系统，一个为复合式地下水源热泵系统（Hybrid GWHP）。

5. 土壤源热泵

根据实际测试，地下深层土壤温度保持恒定，接近当地大气年平均温度，基本不受外界环境的影响，这为土壤源热泵提供了稳定可靠的冷、热源。在冬季，土壤源热泵通过地下集热器收集热能供给室内使用；在夏季，土壤源热泵将室内热量通过地下集热器排入土壤，全年循环利用，达到了可再生的目的，而且常年能保证地下温度的均衡。由于土壤源热泵系统灵活可靠，特别适合于分布式利用，在远离冷热源的边远地区，尤其是别墅区尤为适用。

（1）土壤源热泵的工作原理

一个完整的压缩式热泵循环系统主要由压缩机、冷凝器、蒸发器、膨胀阀和四通换向阀组成。压缩机是系统的心脏，用来压缩和输送循环工质从低温低压处到高温高压处；膨胀阀对工质起到节流降压作用，并能调节循环工质的流量；蒸发器是输出冷量的设备，它使来自经膨胀阀节流降压的循环工质在其中蒸发并吸收被冷却物体的热量，达到制冷的目的；冷凝器是热量输出设备，它将工质从蒸发器吸收的热量以及压缩机做功所转换的热量传递给冷却介质，以达到制热的目的。

根据热力学第二定律，压缩机所消耗的功起到补偿作用，使循环工质不断从低温环境吸热并向高温环境放热，这样周而复始的工作。图 7-4 是

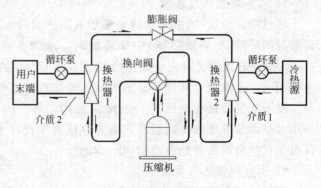

图 7-4　热泵系统工作原理图

热泵系统工作原理图。

图中介质1、2均表示为与热泵系统进行热交换的循环介质（水或乙二醇溶液）。在热泵系统循环中实线箭头和虚线箭头分别表示热泵在制冷和制热时的工质（制冷剂）流向。

在制冷时，介质2在换热器1（蒸发器）中与系统工质进行热交换，系统工质吸热变成低温低压蒸汽后进入压缩机，然后被压缩成高温高压气体，在换热器2（冷凝器）中与介质1进行热交换，释放热量变成高压低温的液体，然后高压、低温工质经过膨胀阀的节流作用变成低温、低压的液体（准确的说应该是气、液两相），最后又回到换热器1（蒸发器）与介质2进行热交换，系统就这样周而复始的循环工作。介质2所吸收的冷量可供建筑物空调用。介质1所吸收的热量排放到冷源中。

制热时，介质1在换热器2（蒸发器）中与系统工质热交换，系统工质吸热变成低压蒸汽进入压缩机，被压缩成高温高压气体，进入换热器1（冷凝器）中与介质2热交换，工质释放热量后变成低温、高压液体，经过膨胀阀的节流作用变成低温、低压的两相流体，最后又回到换热器2（蒸发器）中与介质1进行热交换，这样周而复始的循环工作。介质2吸收的热量可供建筑物供暖所需。介质1所吸收的冷量排放到热源中。

土壤源热泵机组在运行时，通过输入少量的高品位能源（如电能），即可实现低温热源向高温热源的转移。在冬季，把地能中的热量"取"出来，提高温度后供给室内采暖；在夏季，把室内的热量"取"出来释放到地层中去。其工作原理示意图见图7-5。

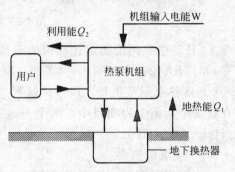

图 7-5　土壤源热泵工作原理示意图

冬季：$Q_1 = Q_2 - Q_3$

　　　$Q_3 \geq 4Q_2$

夏季：$Q_1 = Q_2 + Q_3$

　　　$Q_3 \geq 5Q_2$

（2）土壤源热泵的应用类别

土壤源热泵按照埋管方式的不同分为水平埋管式、垂直埋管式和桩埋管式三种应用方式。实际应用时应根据实际情况选择合理的埋管方式。

1）水平埋管热泵系统

通过中间介质（通常为水或者是加入防冻剂的水）作为热载体，使其在水平埋于土壤内部的封闭环路（土壤换热器）中循环流动，从而实现与大地土壤进行热交换的目的（见图7-6）。这种方式的优点在于挖沟槽的成本低于打井的成本，安装比较灵活。缺点是需要土地面积大，土壤温度易受季节影响，土壤热特性随季节、降雨量和埋设深度而波动。

水平埋管需要在地面开 1～2m 深的沟，每个沟中埋设 2、4 或 6 根塑料管。在我国，采用水平埋管的地热换热器时，南方地区每千瓦冷负荷需要地表面积 60～90m²，北方地区每千瓦热负荷需要地表面积 40～55m²。

2）垂直埋管热泵系统

通过中间介质（通常为水或者是加入防冻剂的水）作为热载体，使其在垂直埋于土壤内部的封闭环路(土壤换热器)中循环流动,从而实现与大地土壤进行热交换的目的(见图 7-7)。其优点在于所用管材较少,泵的损耗小,需要的土地面积较小,土壤温度不受外界环境影响。缺点是要使用钻井设备,费用较高。

图 7-6  水平埋管示意图

图 7-7  垂直埋管示意图

垂直埋管需要在地层中钻直径为 0.1～0.15m 的孔,在钻孔中设置 1 组(2 根)或 2 组(4 根)U 型管并用灌井材料填实。钻孔深度通常为 40～200m。采用垂直埋管地热换热器时,所需地表面积与钻孔深度有很大关系,每千瓦负荷需要地表面积约为 1.5～10m²。地热换热器所需埋管的总长度需要根据埋管的形式、地下岩土的热特性、地下的温度和冷热负荷的情况作详细的计算才能确定。设置地热换热器的费用,主要是钻孔的费用,占地源热泵系统初投资的 1/4～1/3,因此正确设计地热换热器埋管的长度对于保证系统的性能和经济性十分重要。

3)桩埋管热泵系统

桩埋管系统将换热器管道埋入桩基中。埋入桩基的 U 形管一进一回形成环路,通过桩基与周围土壤换热。这种埋管方式对于密度较高的居住区非常适用,它不需要很大的土地施工面积,而且降低了打井费用,机组运行效果与前两种形式相当。由于这种埋管方式受到技术力量和实际情况的制约,在国内的应用较少。

(3)土壤源热泵的经济性分析

土壤源热泵相对于其他供暖、制冷系统,从原理到应用上独具特色,具有鲜明的技术特点。

首先,土壤源热泵以水为载体提取地下土壤中的能量。地表土壤每年接收到的太阳能数百倍于人每年利用的能源,这些能源一部分传递给了地下土壤和地下水体;同时,地下水体还能通过太阳能辐射直接或间接的补充能量,这相当于间接的利用了太阳能。我们可以说,土壤源热泵利用的是清洁的可再生的能源。

其次,土壤源热泵是一种高效节能环保技术。地下土壤温度常年保持在 10～20℃之间,在冬季土壤温度高于环境空气温度,这相当于提高了热源温度,进而提高了性能系数。在夏季,土壤温度要比环境温度低很多,因此冷却效果好,制冷系数高。

土壤源热泵作为一种新兴技术,用户首先关注的是其可靠性,其次是经济性。土壤源热泵的经济性可以和传统供暖、制冷设备进行比较,评价的主要指标有:初投资、年总成本、年经营成本等相关经济性参数。

下面以北京郊区某别墅的供暖、空调为例,将土壤源热泵与传统供能方式进行比较。

· 别墅供暖/空调面积:210m²

• 负荷情况：冬季供暖热负荷按 $100W/m^2$ 计，夏季空调冷负荷按 $80W/m^2$ 计；冬季设计日全日最高需热量 21kW，夏季设计日全日最高冷负荷 16.8kW。冬季供暖使用时间：11 月 15 日～3 月 15 日，每日 0：00～24：00；夏季空调使用时间：5 月 15 日～9 月 15 日，每日 0：00～24：00。

• 设计目标：室外设计参数：夏季：$t_1=33℃$；冬季：$t_1=-9℃$

室内设计参数：夏季：$t_1=26℃$；冬季：$t_1=20℃$

• 经济性比较：该别墅采用不同供暖、空调方案的经济性比较见表 7-1。

不同供暖、空调方案经济性比较        表 7-1

| 项　目 | 方　案　一 | 方　案　二 | 方　案　三 |
|---|---|---|---|
| 采暖方式 空调方式 | 土壤源热泵一机两用，冬季供暖、夏季制冷 | 燃气锅炉供暖 户式中央空调制冷 | 电热锅炉供暖 户式中央空调制冷 |
| 一次性投资 | 9.61 万元 | 1. 供暖系统：1.6 万元；2. 空调系统：3 万元；合计：4.6 万元 | 1. 供暖系统：1.6 万元 2. 空调系统：3 万元 合计：4.6 万元 |
| 使用寿命 | 20 年 | 10 年 | 10 年 |
| 20 年设备投资 | 9.61 万元 | 9.2 万元 | 9.2 万元 |
| 运行费用 | 采暖一季度费用：15 元/$m^2$ 空调一季度费用：10 元/$m^2$ 全年费用：25 元/$m^2$ 年运行费用：0.5 万元 | 采暖一季度费用：35 元/$m^2$ 空调一季度费用：13 元/$m^2$ 全年费用：58 元/$m^2$ 年运行费用：1.2 万元 | 采暖一季度费用：60 元/$m^2$ 空调一季度费用：13 元/$m^2$ 全年费用：73 元/$m^2$ 年运行费用：1.5 万元 |
| 20 年运行费用 | 10 万元 | 20 万元 | 30 万元 |
| 20 年总投入 | 19.61 万元 | 29.2 元 | 39.2 万元 |
| 40 年总投入 | 39.22 万元 | 49.2 万元 | 78.4 万元 |
| 优缺点 | 1. 一机两用 2. 节省投资费用，节省运行费用 3. 燃烧过程没有污染物排放 4. 没有外挂室外机，不向周围环境排热，没有噪声 5. 没有视觉污染，室内室外整齐美观 6. 控制方便 7. 安全性能好 8. 一次性投资显大 | 1. 运行费用高 2. 有燃烧过程，有污染物排放 3. 有外挂室外机，向周围环境排热，有噪声 4. 户式中央空调会有氟泄漏的危险，对人类有害 5. 有视觉污染，室内室外不美观 6. 安全性能差，有安全隐患 | 1. 控制方便 2. 安全性能好 3. 运行费用高 4. 有外挂室外机，向周围环境排热，有噪声 5. 户式中央空调会有氟泄漏的危险，对人类有害 6. 有视觉污染，室内室外不美观 |

从表 7-1 中看出，在初投资中土壤源热泵系统最高，大约是其他供能方式的两倍左右。这是由于土壤源热泵系统的一次性投资中包括了钻井费用和地下埋管系统费用。从年运行费用一项明显看出，土壤源热泵系统的费用远远低于其他方式，能节省费用约 70%，这使投资回收期大大缩短。在设备运行 20 年所需的总费用中，土壤源热泵系统费用更是远远小于其他供能方式。

（4）冬、夏季运行测试

1）冬季测试

北京工业大学对上述别墅冬季供暖、夏季制冷作了实际测试。图 7-8 为冬季 1 月份对室内和室外温度的测试结果。最下面的曲线为室外温度的变化情况，中间的曲线为室内温度，最上面的曲线为热泵机组回水温度。可见，室内温度基本维持在 20℃以上，温度波动较小，完全达到了设计要求。房间内温暖舒适，用户反映良好。系统运行测试期间（4d），共耗电大约 300 度，按当地电价 0.5 元/度计，总费用为 150 元。推算一个供暖季的费用为 3375 元（使用系数为 0.8），每平方米折合 16 元。

2）夏季测试

图 7-9 为夏季 7 月份对室内和室外温度的测试结果。最下面的曲线为热泵机组回水温度的变化情况，中间的曲线为室内温度，最上面的曲线为室外温度。可见，室内温度基本维持在 26℃左右，温度波动较小，完全达到了设计要求。房间内温暖舒适，用户反映良好。系统运行测试期间（4d），共耗电大约 250 度，按当地电价 0.5 元/度计，总费用为125 元。推算一个空调季的费用为 2812 元（使用系数为 0.8），每平方米折合 14 元。从冬夏两季的测试结果来看，和前面分析的结果一样，土壤源热泵系统的运行费用很低，而且能达到室内温度要求。

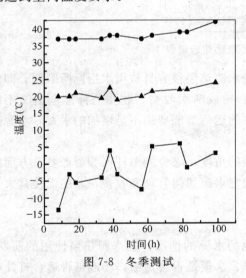

图 7-8　冬季测试

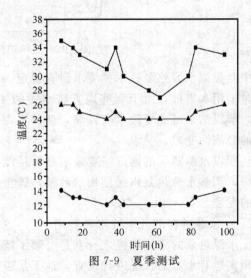

图 7-9　夏季测试

（5）土壤源热泵系统工程的建造流程

土壤源热泵系统的建造基本按照图 7-10 所示的流程进行。

6. 水源热泵

水源热泵是利用地球表层水体所贮藏的太阳能资源作为冷热源，进行能量转换的供暖空调系统。其中可以利用的水体，包括地下水、地表的河流和湖泊以及海洋等。

水源热泵作为一种新型的制冷供暖方式，从技术的角度，尤其是热泵机组的角度上看应当是相当成熟、没有问题的。但考虑到中国的国情，以及将水源热泵制冷供暖作为一个整体的系统来推广应用时，还是存在以下一些问题：

• 水源的使用政策

我国目前为了保护有限的水资源，制定了《中华人民共和国水法》，各个城市也纷纷制定了自己的《城市用水管理条例》。这些政策均强调用水审批，用水收费。而审批的标

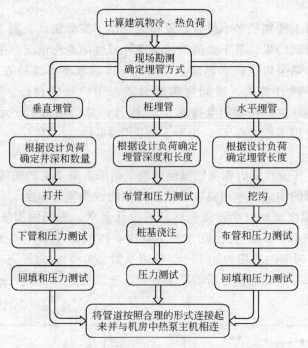

图 7-10  土壤源热泵系统的建造流程

准中对类似水源热泵技术的要求没有规定，所以水源热泵很容易被用水指标所限制。即使通过了用水审批，由于有些地方将水源的抽取和排放两次收费，收费的标准全国又不统一，所以结果可能导致水费偏高，使得水源热泵的运行节能费用不足增加的水费，水源热泵的经济性变差。

所以水源热泵的推广需要政府从可持续发展的角度，综合能源环保和资源各个方面的考虑，调整水源热泵水源使用的政策，需重新确定水源如何管理和收费，才能促使其大规模的发展。

• 水源的探测开采技术和费用

水源热泵的应用前提之一就是必须了解当地的水源的情况。在水源热泵使用的前期，必须实地对水源的状况进行调查，地下是否有水、水量是否会足够，场地是否适合打井和回灌。而探测开采的技术的提高和费用的降低，会推动水源热泵机组的更好应用。

• 地下水回灌技术

水源热泵若利用地下水，必须考虑水源的同层回灌。对于回灌技术，必须结合当地的地质情况来考虑，来考虑回灌技术方式。我们对不同地区的地质结构了解的还不多，这也制约了水源热泵机组的推广使用。

• 整体系统的设计

水源热泵系统的节能作为一个系统，必须从各个方面考虑。如果水源热泵机组可以做到利用较小的水流量提供更多的能量，但系统设计对水泵等耗能设备选型不当或控制不当，也会降低系统的节能效果。同样，若机组提供了高的水温，但设计的空调系统的末端未加以相应的考虑，也可能会使整个系统的效果变差，或者使得整个系统的初投资增加。

（1）水源热泵的工作原理

水源热泵工作原理就是在夏季将建筑物中的热量转移到水源中，由于水温较低，所以可以高效的带走热量；而冬季则从水源中提取能量，依照热泵原理通过空气或水作为制冷剂提升温度后送到建筑物中。通常水源热泵消耗1kW的能量，用户可以得到4kW以上的热量或冷量。水源热泵的工作原理如图7-11所示。

图7-11　水源热泵工作原理图

（2）水源热泵系统的分类

水源热泵按照水源的不同，主要分为地下水源热泵、地表水源热泵和污水源热泵3种形式。

1）地下水源热泵

地下水源热泵根据系统形式的不同分为开式系统和闭式系统。

• 开式系统

开式系统直接利用地下水作为换热介质，主要由抽水井和回灌井组成。可以将与机组进行能量交换之后的地下水重新灌回地下，不会影响地下水位，见图7-12。使用开式系统时，必须具备以下几个条件：地下水量要充足，水质好，具有较高的稳定水位，建筑物的高度低（用以减小泵的功耗）。对地下水质的分析是必要的，并能鉴别出一些腐蚀性物质及其他成分，避免腐蚀系统热交换器和其他部件。

图7-12　开式系统示意图

• 闭式系统

闭式环路系统使用板式换热器把建筑物内循环水系统与地下水系统分开，地下水由配备水泵的水井供给，见图7-13。在地下水质较差的地区，为了避免地下水对机组换热器的腐蚀应使用闭式系统，而且闭式系统相对于开式系统减小了泵的功耗，能用于高层建筑物中。

2）地表水源热泵

地表水源热泵主要利用的是江、河、湖、海以及其他地表水源作为冷、热源。换热器由潜在水面下的、多重并联的塑料管组成的热交换器构成，它们被连接到建筑物中。在北方地区由于气候寒冷，因此需要做防冻处理。和地下水源热泵一样，也分为开式系统和闭式系统，也要根据当地的水质和实际情况的不同而选择相应的系统形式。

3）污水源热泵

污水源热泵将工业废水和城市污水作为供暖、空调用的冷、热源，换热器采用水平管淋水式和浸没式两种。系统不需要打井，也不需要抽水和回灌所需的动力，而且避免破坏水资源。但它的使用受地域性限制较大，周围要有大的污水、废水处理厂，而且换热器的结垢也是一个迫切需要解决的问题。

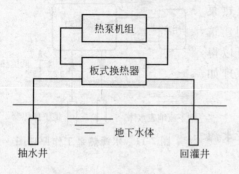

图 7-13　闭式系统示意图

图 7-14　地表水系统示意图

关于选择何种系统形式，要综合经济效益和当地实际情况来考虑，而且不能对当地的自然环境造成污染。如果使用地下水系统，建造过程主要是设计抽水井和回灌井的数量和井的钻探。由于井的数量要远远少于土壤源热泵，因此施工工期较短。如果使用地表水或城市污水，省去了钻井步骤，但要做好换热器的结垢处理。

（3）水源热泵的经济性分析

经济性指的是各种空调采暖方式的初投资、运行费和热价。

目前国内外已采用的采暖空调联供方案有：

- 热电冷三联供：夏季，热电厂抽汽＋蒸汽吸收式制冷

　　　　　　　　冬季，热电厂抽汽＋汽水换热器供热

- 热电冷三联供：夏季，热电厂热水＋热水吸收式制冷

　　　　　　　　冬季，热电厂热水＋汽水换热器供热

- 直燃式冷热水机组：夏季、冬季，直燃式冷热水机组制冷、供热

- 燃气-蒸汽联合循环

- 电制冷＋燃气（油）锅炉采暖

- 电动水源热泵。这类机组运行性能稳定，性能系数 COP 值较高，理论计算可达 7，实际运行时约为 5，且由于可充分利用江河、湖、海水等自然能源，冬季供暖耗能少，是一种节能性好的冷热源设备

- 空气源热泵。冷热源兼用，整体性好，安装方便，可露天安装，采用风冷，省去了冷却塔及冷却水系统，缺点是当室外温度较低时，需增加辅助热源。

各种方案的投资和成本（不包括户内系统）见表 7-2。

各方案的投资和成本比较[①]　　　　　　　　　　表 7-2

| 项目 | 热电冷（蒸汽） | 热电冷（热水） | 直燃式 | 电制冷锅炉供热 | 集中式电动水源热泵 | 分体式空气源热泵 | 燃气-蒸汽联合循环 |
|---|---|---|---|---|---|---|---|
| 投资（万元/kW） | 0.197/0.223（含源网） | 0.275/0.302（含源网） | 0.207 | 0.206 | 0.335 | 0.199 | 0.436 |
| 成本（元/kWh） | 0.139 | 0.151 | 0.214 | 0.207 | 0.167 | 0.220 | 0.081 |

① 为《住宅区三联供系统的研究》中提供的数据，成本为年运行成本。

下面以兴隆 18 层单身职工宿舍为例，说明水源热泵采暖空调联供方案的经济性。

18 层单身宿舍建筑形状为 Y 形，总采暖空调建筑面积为 9564m²，2~18 层为标准层，标准层面积为 562.6m²，设计冷热负荷为 573.84kW。表 7-3 为采暖空调联供方案，表 7-4 为各方案初投资的比较，表 7-5 为各方案运行费的比较，表 7-6 为各方案的综合比较。

采 暖 空 调 方 案　　　　　　　　　　　　　　表 7-3

| 序　号 | 方　案 | 采暖空调方式 | 备　注 |
|---|---|---|---|
| 方案 1 | 以地下水为冷热源水源热泵（水-空气） | 冬天：热泵产生热风送至户内<br>夏天：热泵产生冷风送至户内 | 每户设热泵一台将风送至各房间 |
| 方案 2 | 以地下水为冷热源水源热泵（水-水） | 冬天：热泵产生热水送至风机盘管<br>夏天：热泵产生冷水送至风机盘管 | 热（冷）源集中、每户设风机盘管 |
| 方案 3 | 电制冷＋热电厂采暖 | 冬天：热电厂蒸汽→汽水换热器<br>夏天：中央空调机送冷水至风机盘管 | 热（冷）源集中、每户设风机盘管 |
| 对比方案 | 分体空调＋锅炉房采暖 | 冬天：锅炉房（热电厂）供热，户内散热器<br>夏天：每户安装分体空调机 | 热源集中、冷源分散，空调品质较差 |

各方案初投资的比较　　　　　　　　　　　　　　表 7-4

| | 方案 1（进口） | 方案 2 | | 方案 3 | 对比方案 |
|---|---|---|---|---|---|
| | | 进　口 | 国　产 | | |
| 初投资[1]（万元） | 237.4 | 305.8 | 238.2 | 236.6 | 267.2 |
| 单位建筑面积投资（元/m²） | 248 | 319.7 | 249.1 | 247.4 | 279.0 |

[1] 计算时包括安装费 15%，运行调试费 5%，税及管理费 5%，设计费 2% 和利润 10%。

各方案运行费的比较（元/m²）　　　　　　　　　　表 7-5

| | 方案 1 | | 方案 2 | | 方案 3 | | 对比方案 | |
|---|---|---|---|---|---|---|---|---|
| | 采暖 | 空调 | 采暖 | 空调 | 采暖 | 空调 | 采暖 | 空调 |
| 不考虑同时使用系数，热回收系数 | 19.25 | | 19.25 | | 9.5 | 6.2 | 9.5 | 7.2 |
| 合计 | 19.25 | | 19.25 | | 15.7 | | 16.7 | |
| 考虑修正系数 | 10.78 | | 10.78 | | 9.5 | 4.34 | 9.5 | 7.2 |
| 合计 | 10.78 | | 10.78 | | 13.84 | | 16.7 | |

说明：兴隆矿地处兖州市，根据兖州市气象资料，该地区冬季采暖期天数 106d，延时小时数 2544h，最大负荷小时数 2544(20−0.4)/［20−(17)］＝1847h。夏季空调期天数 90d，延时小时数 2160h，根据济南、淄博三联供实际测试资料，取夏季最大负荷小时数为 720h。则单位建筑面积，采暖期需供热量 60W/m²×1847＝110.5kWh，空调期需冷量 60W/m²×720＝43.2kWh。

各方案综合比较　　　　　　　　　　　　　　　　表 7-6

| 方　案 | 单位供热（冷）量能耗（kg 标煤/kWh） | 单位供热（冷）量系统投资（万元/kW） | 单位供热（冷）量设备全年运行费（元/kWh） |
|---|---|---|---|
| 方案 1 | 0.057 | 0.414（进口） | 0.07 |
| 方案 2 | 0.057 | 0.533（进口）/0.415（国产） | 0.07 |
| 方案 3 | 0.133 | 0.412 | 0.12 |
| 对比方案 | 0.148 | 0.465 | 0.11 |

从表 7-4、表 7-5、表 7-6 的对比可知，兴隆矿实施采暖空调，以方案 1 为佳。

前面提到的方案 1 水源热泵(水-空气)，方案 2 水源热泵(水-水)在技术与经济上都是可采用的方案。但方案 2 中大型水源热泵是一种集中冷(热)源的方式，目前，国内尚无大型水源热泵厂家，进口设备较贵，而国产水源热泵系列不全，单台容量较小，只有将多台设备集中放置在机房时，才能形成集中冷(热)源形式，投资较大，安装运行维护不便。

无论是从单位供热(冷)量所需能耗，还是从投资和运行费上看，方案 1 都具有明显的优越性。其中进口热泵机组的价格与方案 2 中国产设备的投资相近，但比方案 2 进口设备价格低得多，且不要另建机房。因此，18 层楼单身宿舍拟采用方案 1 为实施方案。

水源热泵采暖空调联供方案投资偏低的主要原因：

• 不设专用机房。中央空调的机房面积(包括空调装置、电气及其他)约为空调建筑面积的 5%～8%，其中空调装置约占 4%～5%，以 10 层建筑物为例，其中机房约占一层。水源热泵将空调装置分散设在每户，不仅减少了机房的建设费用，在寸土寸金的地区，增加的办公面积，营业面积的作用就更大了。

• 封闭水管不要保温，对竖井没有特殊要求。中央空调系统的竖井占有较多建筑物的有效面积，全空气系统的竖井面积更大。竖井布置的是否恰当，不仅会影响空调系统的效率，而且对空调的投资有较大的影响。

• 不占有房间的有效面积，中央空调系统的户内装置风机盘管有时放置在窗户下，对住宅的影响较大。

水源热泵联供方案运行费偏低的原因：

• 水源热泵采暖运行时，约占总供热量 3/4 的吸收热来自井水，江、河的低温热或工业余热；空调运行时，约为总制冷量 1.2 倍的总散热量由低温热或工业余热分摊，因此，较多地降低了采暖、空调系统的运行费。

• 水源热泵机组直接设置在用户房间内，减少了输配损失。

• 水源热泵机组能效系数较高，且性能系数的稳定性较好。

• 水源热泵系统具有热回收性能。当同一建筑中有的房间需供热，有的房间需空调时，往往无需冷却及辅助加热。

(4) 水源热泵系统的建造流程

水源热泵系统的建造流程如图 7-15 所示。

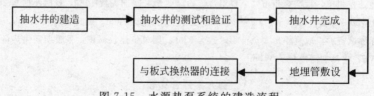

图 7-15　水源热泵系统的建造流程

## 7.2　太阳能

1. 概述

地球就像太阳系中一艘浮动着的"宇宙船"。太阳能几乎是它的惟一能源(99.8%)。太阳能以辐射的方式不断地向地球以及其他星球输送能量，太阳辐射波穿过地球外围的大气层，把太阳能输送到地球表面。

利用太阳能的现代科学研究始于 1845 年，奥地利人 C·歌特发明了由许多反射镜片组成的太阳炉。长期以来，由于具有大量廉价的矿物燃料，太阳能利用的研究进展缓慢。20 世纪 70 年代以来，世界性的石油危机导致了世界各国（特别是发达国家）对节约能源和开发可再生能源的重视，有力地推动了太阳能利用的迅猛发展。例如，1981 年日本已有 13% 的家庭使用太阳能热水器，10% 的住宅使用太阳能供暖。美国 1980 年太阳能热水器集热面积已达 $2 \times 10^6 \mathrm{m}^2$。1987 年我国共有太阳能热水器集热面积 $6 \times 10^5 \mathrm{m}^2$，太阳房集热面积 $8 \times 10^4 \mathrm{m}^2$，太阳灶 10 万余台。

通常太阳能可分为直接太阳能和广义太阳能。所谓直接太阳能，就是太阳直接辐射能。广义太阳能即由太阳能所产生的其他自然能，如风能、水能、生物质能、波浪能、海洋温差等。本章仅限于讨论直接太阳能（太阳能热利用和光利用）在建筑上的应用。

利用太阳能供电、供热、供冷、照明，建成太阳能综合利用建筑物，是国际太阳能学术界的热门研究课题，是太阳能利用一个新的发展方向。美国、德国、日本、意大利等国家都已建成这种全部依靠太阳能的示范建筑物。

太阳能建筑的发展大体可分为 3 个阶段：第一阶段为被动式太阳房，它是一种完全通过建筑物结构、朝向、布置以及相关材料的应用进行集取、贮存和分配太阳能的建筑。第二阶段为主动式太阳房，它是一种以太阳能集热器与风机、泵、散热器等组成的太阳能采暖系统或者吸收式制冷机组成的太阳能空调及供热系统的建筑。第三阶段是加上太阳电池应用，为建筑物提供采暖、空调、照明和用电，完全能满足这些要求的称为"零能耗房屋"。

与常规能源相比，太阳能利用具有以下特点：

（1）太阳能是一种洁净的能源。应用太阳能不会引起大气污染，不会扰乱地球的热平衡，产生异常气象；不会影响生态平衡，破坏生态系统。

（2）太阳能是地球上最主要的能源，利用领域广阔。在世界上任何地区都可以获得。只要具有一定的技术水平和必要的容量，都可自由利用。这对于常规能源缺乏地区或边远地区，有更实际的意义。

（3）太阳能是人类可以利用的最丰富的能源。太阳是一炽热的气体球，它不断地发生核聚变反应，向外发射能量，同时其质量不断亏损。据估算，这种过程可维持 600 亿年，而地球的寿命约为 50 亿年，因此，可以说太阳是用之不竭的。人类能使用矿物燃料的时间，相对于具体数千年的人类文明史，就像漫漫长夜中点着一根火柴那样，瞬间就燃烧殆尽。

（4）节能环保。

1）太阳能利用能减少 $CO_2$ 的排放

太阳能光伏发电是一个纯物理过程，没有任何排放。但光伏发电设备在制造过程中使用的是常规能源，因此也有 $CO_2$ 的排放。光伏发电的 $CO_2$ 排放可通过能量回收时间计算。随着技术的发展和进步，光伏系统的能量回收时间愈来愈短。据估计，光伏系统每投入 1 千瓦时电生产能量就将生产无排放的 15kWh 电。因而 $CO_2$ 的比排放（单位能量产生的 $CO_2$ 排放）就是常规燃料的平均值的 1/15。对于中等日照条件和近期光伏技术，光伏发电的典型排放为 $0.03 \sim 0.06 \mathrm{kgC/kWh}$（每千瓦小时排放千克碳）。对于高日照条件 $2000 \mathrm{kWh/(m^2 \cdot a)}$（每年每平方米日照量）和长期未来光伏技术（1 年回收期），排放可以降低到 $0.01\sim0.03kgC/kWh$。太阳能热利用设备和材料制造中消耗的常规能源比太阳电池要低得多。粗略估计，热利用的单位能量排放相当于太阳电池的 1/3。我国平均日照按 2000h 考虑，参照上述分析，我国不同时期太阳能的排放和减排按表 7-7 数据考虑。

**利用太阳能技术的排放和减排估计**（单位 $gC/kWhe$[①]）  表 7-7

|  |  | 2000 | 2010 | 2020 | 2050 |
|---|---|---|---|---|---|
| 光 伏 | 排 放 | 34 | 25 | 20 | 10 |
|  | 减 排 | 339 | 305 | 300 | 290 |
| 热利用 | 排 放 | 11 | 8 | 7 | 3 |
|  | 减 排 | 362 | 322 | 313 | 297 |

① $gC/kWhe$——每千瓦时电量产生的碳克当量。

2）未来减少 $CO_2$ 排放潜力的估计

根据"我国后续能源发展战略研究"的预测，关于太阳能技术的能量回收时间，结合我国日照情况估算出光伏发电和热利用技术的排放和减排能力，如表 7-7 所示。在此基础上对太阳能在我国未来 $CO_2$ 的减排潜力进行了计算，结果如表 7-8 所示。表 7-9 和图 7-16 给出了太阳能减排 $CO_2$ 的贡献潜力。可以看出，在现有预测的前提下，太阳能在 2010 年以后对减排开始有较明显的影响，2020 年以后有较显著影响。

**太阳能利用对未来 $CO_2$ 的减排作用**  表 7-8

| 太阳能 |  | 1998 | 2010 | 2020 | | 2050 | |
|---|---|---|---|---|---|---|---|
|  |  |  |  | BAU | ED | BAU | ED |
| 热利用 | Mtce | 2.17 | 15.1 | 32.9 | 43.5 | 86.0 | 148.0 |
|  | 减排，MtC | 2.1 | 14.7 | 32.2 | 42.6 | 85.1 | 146.5 |
| 光 伏 | Mtce | 0.01 | 0.12 | 3.2 | 6.4 | 112.0 | 225.0 |
|  | 减排，MtC | 0.01 | 0.11 | 3.0 | 6.0 | 108.3 | 217.5 |
| 合 计 | Mtce | 2.18 | 15.2 | 36.1 | 49.9 | 198.0 | 373.0 |
|  | 减排，MtC | 2.11 | 14.8 | 35.2 | 48.6 | 193.4 | 364.0 |

注：我国热电煤当量：2000——$373gC/kWhe$；2010——$330gC/kWhe$；2020——$320gC/kWhe$；2050——$300gC/kWhe$。

Mtce——兆吨碳当量；　　　MtC——兆吨碳量；　　　BAU——按有生态驱动发展；　　　ED——按常规发展。

**我国 $CO_2$ 排放预测 MtC**  表 7-9

|  |  | BAU | ED |
|---|---|---|---|
| 1998 | 总排放量 | 793 | — |
|  | 太阳能减排量 | 2.12 | — |
|  | 贡献（%） | 0.27 | — |
| 2010 | 总排放量 | 951 | — |
|  | 太阳能减排量 | 14.84 | — |
|  | 贡献（%） | 1.54 | — |

|  |  | BAU | ED |
|---|---|---|---|
| 2020 | 总排放量 | 1385 | 1230 |
|  | 太阳能减排量 | 35.18 | 48.55 |
|  | 贡献(%) | 2.5 | 3.8 |
| 2050 | 总排放量 | 1921 | 1245 |
|  | 太阳能减排量 | 193.41 | 364.02 |
|  | 贡献(%) | 9.15 | 22.6 |

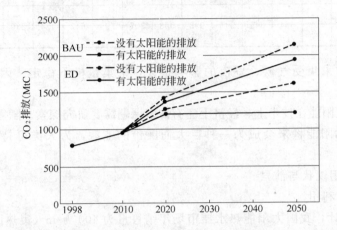

图7-16　太阳能利用技术对我国未来减少 $CO_2$ 排放的潜力估计

（5）太阳能是一种低密度的间断性能源。虽然到达地球的太阳能量非常巨大，但这种能量是分散间断的。

太阳辐射的波长范围很广，从零到无穷大。但波长很大和很小的部分，能量都很小，绝大部分能量集中在波长为 $0.15\sim4\mu m$ 之间，占太阳辐射总能量的 $99\%$。其中，可见光区（波长为 $0.4\sim0.76\mu m$）占 $50\%$，红外线区（波长 $>0.76\mu m$）占 $43\%$，紫外线区（波长 $<0.4pm$）占 $7\%$。太阳光谱辐射强度峰值随太阳高度的减小而向长波方向移动，特别是当太阳以很低的角度倾斜照射地面时更为突出。因此，日出或日落时，我们看到太阳光的颜色为暗红色。

太阳辐射能到达地球表面之前，必须通过包围地球的一圈大气层。太阳辐射能受大气层中的各种成分的作用，一部分能量被反射回宇宙空间，一部分能量被大气吸收，还有一部分被散射，使到达地球表面的太阳辐射能在数量上衰减了，同时光谱组成也发生变化。因此，到达地面上的实际太阳辐射能量的确定，是一个涉及很多因素的复杂问题，如天文因素、地理因素、几何因素、物理因素等等，它随时间、地点和条件的变化而变化。表7-10为太阳辐射强度在一天内的分布和日总量示例。

要采集到足够功率的能量，收集装置面积必须大，需要较大量的设备投资。因此，仍需进一步开展太阳能应用技术研究，提高收集效率，降低材料成本。

| 辐射强度 | 时 间 （h） | | | | | | | | | | | | | | 备注 |
|---|---|---|---|---|---|---|---|---|---|---|---|---|---|---|---|
| | 6 | 7 | 8 | 9 | 10 | 11 | 12 | 13 | 14 | 15 | 16 | 17 | 18 | 19 | |
| 垂直面上的直接辐射 | 460 | 621 | 788 | 858 | 900 | 942 | 942 | 942 | 907 | 872 | 802 | 683 | 481 | 265 | （1）单位：W/m² （2）以北京 6 月为例 |
| 水平面上的直接辐射 | 83.7 | 216 | 418 | 593 | 732 | 851 | 893 | 900 | 809 | 690 | 537 | 342 | 153 | 41.8 | |
| 水平面上的散射辐射 | 48.8 | 83.7 | 83.7 | 90.7 | 112 | 97.7 | 105 | 97.7 | 97.7 | 105 | 105 | 91.7 | 76.7 | 41.8 | |
| 水平面上的总辐射 | 132 | 300 | 502 | 684 | 844 | 949 | 998 | 998 | 907 | 795 | 642 | 434 | 230 | 83.7 | |

（6）太阳能的采集受气候、昼夜的影响很大，采集量极不稳定。因此，必须有贮能装置。

总之，利用太阳能在技术上、经济上还有许多课题需要研究探索。随着人类的进步和科学技术的发展，太阳能将来会成为一种巨大而廉价的能源，为人类可持续发展做出巨大贡献。

2. 太阳能利用现状与前景

（1）太阳能热利用

据 2003 年统计，我国太阳能热水器市场年销售量为 400 万 m²（集热面积），整个太阳能行业产值已超过 35 亿元。即便如此，目前太阳能热水器在我国热水器市场份额中所占比例还不足 5%，远较一些发达国家落后。但令人欣喜的是，国家建设部已将太阳能列入民用节能环保住宅的实用技术范畴，并将制定相应的设计、施工规范和标准。随着太阳能技术的突破和进一步发展，太阳能热水器的市场极具诱惑。据预测，到 2015 年，全国家庭太阳能热水器普及率将达 20%～30%，约 2.23 亿 m² 的市场拥有量，年产值 438 亿元。

（2）太阳能光电利用

世界光伏产业在能源和环境的双重推动下呈快速发展。最近 10 年的平均年增长率为 25%（从 1992 年的 57.9MW 增加到 2002 年的 540MW）；最近 5 年的年平均增长率为 34%（从 1997 年的 125.8MW 增加到 2002 年的 540MW）；

2002 年世界光伏电池/组件产量达到 540MW，总装机容量 2000MW；

2003 年光伏电池/组件产量预计超过 700MW；光伏组件成本 30 年来降低 2 个数量级，2002 年世界重要厂商的成本为 2～2.3 美元/Wp（每峰瓦美元），售价 2.5～3 美元/Wp；商品化电池效率 13%～17%；

生产规模：20 世纪 80 年代：1～5MW/a；90 年代：5～30MW/a；2001～2005 年：50～300MW/a。

EPIA/Greenpeace（欧洲光伏协会/绿色和平）的预测和分析：

2020 年，光伏组件年产量 40GW；系统总装机容量 195GW；光伏发电量 274TWh（10¹² 兆兆瓦时），相当于 2020 年非洲总发电量的 30%，相当于 2020 年全球发电量的 1%。

光伏组件成本 1 美元/Wp；累计减排 $CO_2$ > 7 亿 t。

2040 年，光伏发电量 7368TWh，相当于 2040 年全球发电量的 21%。

（3）我国光伏产业发展概况

10 年来我国光伏产业平均年增长率 23%（从 1992 年的 0.65MW 到 2002 年的 5.5MW—不包括单一封装的部分）。

2003 年有了大幅度增长，光伏电池/组件生产约达到 12MW，其中晶硅电池约 10MW，非晶硅电池约 2MW，如图 7-17 所示（未包括 3～4MW 的庭院灯电池）。

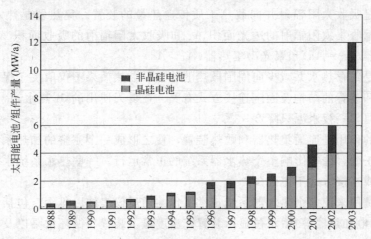

图 7-17　我国太阳电池/组件生产发展情况（1988～2003）MW/a

2003 年底晶硅电池/组件生产能力 37～38MW

晶硅组件封装能力（不包括庭院灯）

晶硅总能力：　　　　　约 100MW

非晶硅电池能力：　　　3MW

商业化晶硅电池效率 11%～14%

组件成本 22～25 元/Wp

组件价格 26～30 元/Wp

2002 年国家计委《光明工程》计划（MWp）

|  | 2005 | 2010 |
|---|---|---|
| 光伏总装机容量 | 100 | 300 |

3. 技术原理

太阳能利用（仅限于直接太阳能利用）主要包括两个方面：一是太阳能热利用，二是太阳能光利用。

（1）太阳能的热利用原理

太阳能热利用分为低温、中温、高温太阳能利用系统，其温度范围如下：

80℃以下为低温太阳能利用系统；80～350℃为中温太阳能利用系统；350℃以上为高温太阳能利用系统。在建筑中利用较多的是低温太阳能利用系统。

低温太阳能利用系统在建筑中的应用，主要包括热水器、被动式太阳能建筑等。太阳能热水器是太阳能热利用中最基本的也是目前经济效益比较明显的一种装置，已经实现了产业化。太阳能热水器是利用太阳辐射通过温室效应把水加热的装置，可为居民生活及工农业生产提供热水。

被动式自然采暖太阳能建筑(简称被动式太阳能建筑),是依靠太阳能自然采暖的建筑物。白天直接依靠太阳辐射采暖,多余的热量为热容量大的建筑构件(如墙壁、屋顶、地面)、蓄热槽的卵石、水等吸收,夜间通过自然对流放热,使建筑物室内保持一定的温度,达到采暖的目的。

太阳能热水器一般由集热器、贮热装置、循环管路和辅助装置组成。

集热器就是吸收太阳辐射并向载热工质传递热量的装置。集热器是热水器的关键部件。集热器根据收集太阳辐射的透光面积 $A\tau$ 和吸收太阳辐射的吸收面积 $Aa$ 的不同,可分为平板集热器($A\tau=Aa$)和聚光型集热器($A\tau>Aa$)。

贮热装置是贮存热水并减少向周围散热的装置。贮热效果不仅取决于保温材料性能的好坏,同时也和装置的结构及固定连接方式有关。在夏天使用的 5t 热水箱,若采用 10cm 厚的矿渣棉保温,一夜水温只降 2~3℃。

循环管路的作用是连通集热器和贮热装置,使之形成一个完整的加热系统。循环管路设计施工是否正确,往往影响整个热水器系统的正常运行。一些热水系统水温偏低,就是由于管道走向或连接方式不正确。

辅助装置是用来使整个热水器系统正常工作并通过仪表加以显示。包括无日照时的辅助热源装置(如电加热器等)、水位显示装置、温度显示装置、循环水泵以及自动或手动控制装置等。

太阳能热水器按照其工质流动方式不同,一般可分为闷晒式、循环式和直流式 3 种。

1) 闷晒式热水器

闷晒式热水器有几种方式,如闷晒式定温放水系统、开放式太阳能热水器、塑料薄膜袋和密闭汲置式等。它们的共同特点是,水在集热器中不流动,闷在其中受热升温,故称闷晒式。这种热水器的集热器和水箱合为一体,因而结构简单,造价低廉。

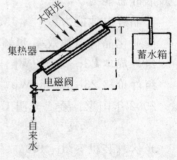

图 7-18  闷晒式定温放水系统

• 闷晒式定温放水系统

这种热水装置如图 7-18 所示,在补给水管上安装上电磁阀,当集热器中的水闷晒到设定的温度上限时,集热器出口的电接点温度计控制集热器入口的电磁阀全部开启,自来水进入热水器并将其中的热水压入蓄热水箱中。当集热器出口温度逐渐下降到预定的温度下限时,电磁阀被控制成关闭状态。于是,闷晒过程重新开始。运行过程中,大部分时间内水在系统中并不流动,而被闷晒在集热器受热升温。

这种热水器在农村和城乡结合部都应用较多,价格低廉。

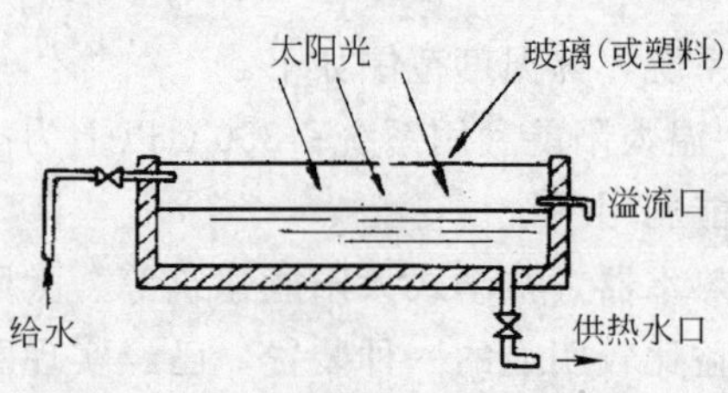

• 开放式太阳能热水器

如图 7-19 所示,开放式热水器也叫浅池式热水器,其结构非常简单,既能贮水又能集热。池内水深一般为 10cm 左右,上面盖一层玻璃板或透明塑料板,池底和四周加防水层并涂以黑色涂料。

图 7-19  开放式太阳能热水器

池底和周围的保温同外壳做成一个整体。在池的一侧离底部 10cm 高度，安装溢流管以控制池内的容水量。这种热水器的特点是：水平放置，结构简单，便于安装和制造，成本低廉。其缺点是：在高纬度地区不能充分利用太阳辐射能；玻璃内表面往往有水蒸气，降低了玻璃的透过率，影响热效率；另外，池内易长青苔，需要定期清洗。这是一种早期家庭自制热水器，现在已很少应用。

• 塑料薄膜式热水器

如图 7-20 所示，典型的塑料袋是 $1m \times 2m \times 0.1m$ 的聚乙烯薄膜制成。为提高热效率，上面一般采用透明塑料，下部采用黑色塑料，底部最好加支撑保温板。这种热水器重量小，便于携带，适于外出使用，而且造价低廉。这种热水器的缺点是保温性差，耐久性差，使用寿命一般仅为 2～3 年。这种热水器家用较少，多用于旅游和野外施工时。

• 密闭汲置式热水器

如图 7-21 所示，这种热水器有单筒、双筒和多筒之分。它比浅池式热水器有所改进，由开放式改为密闭式，故不长青苔。筒的形状也有多样，有方扁筒、三角形筒和椭圆筒等。这种热水器结构简单，成本低廉，是一种受欢迎的家用热水器。这种热水器国内应用很少，在国外采用高吸收、低辐射材料和良好的保温结构，应用较多。

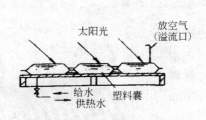

图 7-20　塑料薄膜式热水器

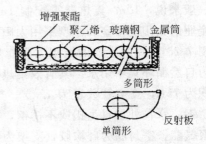

图 7-21　密闭汲置式热水器

2）循环式热水器

循环式热水器按照形成水循环的动力，分为自然循环式和强制循环式两类。

• 自然循环式

图 7-22 是自然循环式太阳能热水器。其中，(a)为固定角度式太阳能热水器，(b)为可改变角度式太阳能热水器，它可以根据季节不同用手调整角度。自然循环式太阳能热水器工作原理是：集热器、贮水箱、上下循环管组成一个闭合回路，集热器吸收太阳能，使其中的水升温而密度降低。

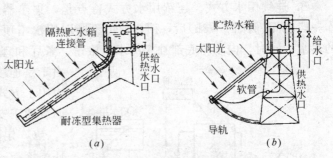

(a)　　　　　　　　(b)

图 7-22　自然循环式太阳能热水器

热水沿着管道上升使上循环管中的水成为热水。由于集热器中与蓄热水箱中的水的温差，产生密度差，形成系统的热虹吸压头，使热水由上循环管进入水箱上部。同时，水箱底的冷水由水循环管流入集热器形成循环。集热器工作一段时间后，水箱上部的热水就可使用。自然循环式太阳能热水器的特点是：当有太阳辐射时就开始循环，当太阳辐射减少至集热量为零时，则循环就完全停止。水流经集热器是以热虹吸压头作为动力的，因而不需要安装专用水泵。但是，为了产生足够的热虹吸压头，水箱必须高于集热器。对于大型热水器，由于水箱过大，对建筑结构会带来一些问题。另外，自然循环式热水装置中的水箱大多置于室外，为了减少热损失，水箱与上下循环管均需采取保温措施。这种热水器是目前国内应用最广泛的热水器，一般商店都有销售，价格由 1000 元到 3000 元不等。由于"性价比"较好，得到越来越多的应用，市场潜力仍很大。但由于其与建筑不协调、易结水垢、不防冰冻、不承压等诸多原因，有待改进。

自然循环式热水器按照运行方式，一般又分为如下 3 种。

A. 集中用水方式。自然循环式热水器工作时，集热器中的热水经过上循环管流入蓄热水箱顶部，冷水从蓄热水箱底部经由下循环管流入集热器。因为热虹吸压头产生的水的循环流速很小，对蓄水箱中的水扰动不大，所以水箱中的热水总是在顶部。蓄水箱中的水的温度分布是分层的，即顶部的水温最高，越往下越低。集热器运行一天后，贮存一箱各层温度不同的热水。傍晚时，可通过从水箱上部引出的供热水管取水。同时，由补给水箱向蓄热水箱底部补充冷水。这种把一天贮存的热水集中在傍晚使用就是集中用水方式太阳能热水器。采用这种运行方式，蓄热水箱必须具有足够大的容积，以贮存一天所得的热水。一般来说，10m² 集热器需配制 1m³ 的蓄热水箱。集中用水式集热器通常多见于机关、企业的太阳能浴室和小型家用太阳能热水器。

图 7-23 为我国生产的家用太阳能热水器，它的运行方式为自然循环集中用水。其有效集热面积为 1.2m²，水箱容积为 75L，真空管数量为 12 支。热水器水箱内材料为不锈钢，水箱外材料为铝或不锈钢，保温材料为 40mm 厚的聚氨酯，密封圈为硅橡胶，支架为钢或不锈钢。

该热水器一年四季均可使用。它采用真空双层玻璃管结构，热损失小，保温性能好。集热管为圆形，集热能力受一天中太阳位置变化的影响较小，因而集热时间长。水质清洁，可作生活用水。耐冷热冲击性能好，并可抗冰雹。

图 7-23 玻璃真空管太阳能热水器

B. 连续用水方式。连续用水方式特点是，集热器工作一段时间（例如 2～3h）后，用户便可不断取用水箱顶部的热水，同时，向水箱底部补充冷水。旅馆、餐厅和理发室采用这种运行方式比较适宜。由于是连续用水，水箱可以做得较小，与集中用水方式相比，节省投资，减少热水损失，而且便于安装。

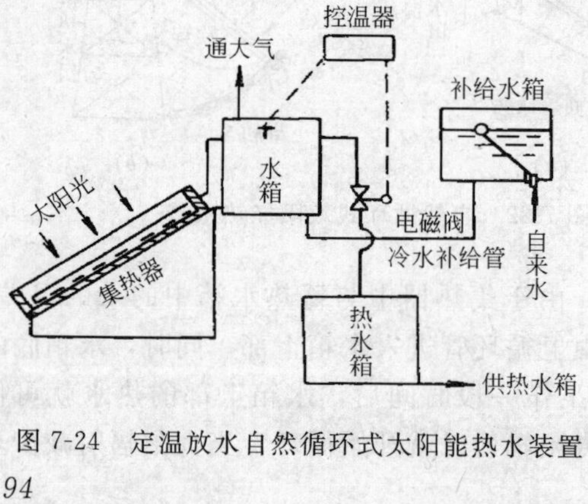

C. 定温放水式。采用定温放水的自然循环系统与一般的自然循环系统稍有差别，其装置系统如图 7-24 所示。该系统除了在集热器上方装设一个较小的循环水箱外，还需在循环水箱下方安装一个供热水箱，并增加了一套温控器。系统工作时，当循环水箱顶部的水温达到使用温度的上限值时，测点置于

图 7-24 定温放水自然循环式太阳能热水装置

循环水箱顶部的温度控制器启动。打开热水管上的电磁阀，使循环水箱上部的热水经过热水管流入供热水箱，循环水箱底部的冷水自动向上补充。当测点水温降至使用值下限时，温控器使阀门关闭，放水过程停止。用户可从供热水箱得到所需温度的热水。

• 强迫循环式

强迫循环式太阳能热水装置主要由集热器、蓄水箱、水泵、控温器与管道组成。它的优点是：蓄热水箱可以任意设置；管径可以小些；管道及其安装费便宜。

强迫循环又可以分为直接加热式和间接加热式两种。直接加热式所供应的热水是在集热器中直接进行加热的。间接加热式将集热回路与供热水回路分开，它提供的热水是通过换热器加热得到的。

3）直流式太阳能热水器

直流式太阳能热水器由集热器、蓄热水箱、补给水箱和管道等组成，如图 7-25 所示。补给水箱的水位略高于集热器出口热水管顶部。水箱置于集热器下方。装置运行时，由于补给水箱的水位与热水管顶部存在高差，于是水就不断地从补给水箱流入集热器，经集热器加热后汇集到贮水箱中，这种系统并不循环，所以称为直流式。为使从集热器出来的水具有足够大的温升，水的流量应较小。通过冷水补给管上的阀门可调节其流量。补给水箱可用自来水直接通过阀门流入集热器代替。

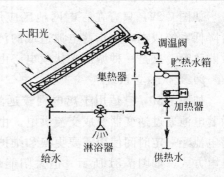

图 7-25　直流式太阳能热水器

直流式太阳能热水器的优点是：贮水箱不必高于集热器之上，它可以置于室内，水箱保温容易；贮水箱的热水已具有足够的温度，箱中热水可随时取用。如果用户是连续取水，则贮水箱可做得很小，热损失也能进一步减少。

（2）太阳能光电利用原理

半导体内光电效应：当光照射到半导体上时，光子将能量提供给电子，电子将跃迁到更高的能态。太阳电池是将太阳能直接转换成电能的器件，它的基本构造是由半导体的 p-n 结组成。此外，异质结、肖特基势垒等也可以得到较好的光电转换效率。

光伏发电系统，根据不同要求、地区和用途可以有 3 种不同组成方式。它们的系统构成方块图分别如图 7-26、图 7-27、图 7-28 所示：

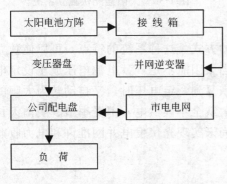

图 7-26　并网系统

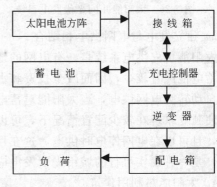

图 7-27　独立系统

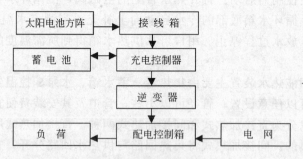

图 7-28　太阳能优先供电系统

1）光伏并网发电系统

如图 7-29，只有在有电网地区应用，适宜于城市地区。它不需要蓄电池贮能，因而可降低系统成本，防止蓄电池造成的污染，但它必须具备电力系统准许并网及相应的电力收购政策。这是一种城市光伏发电必由之路。

2）光伏独立系统

如图 7-30，它适用于离电网较远的偏远地区应用，太阳能发电通过蓄电池贮能，再由蓄电池通过逆变器变成交流供电。由于使用大量蓄电池，使系统投资增加，占地增大，蓄电池经一定时间使用需要更换和维护。在住宅小区采用太阳能草坪灯、庭院灯也属独立发电方式，如图 7-31 所示。但太阳能灯具功率较小（0.5～50Wp），具有白天贮存夜间自动照明功能，灯具可为交流太阳能独立光伏系统 220V 或直流 1.2～12V。

图 7-29　太阳能并网光伏发电系统

图 7-30　太阳能光伏独立系统

3）独立发电与电网供电相结合

太阳能优先供电系统是在有电网的地区使用的方式。这种系统的特点，可以使独立系统的蓄电池配置较少，因而减少投资和占地，但当太阳能不足，蓄电池电压放至设定电压时，自动转为电网供电，当太阳能对蓄电池充电恢复到一定电压时，又自动转为太阳能供电，使独立系统在较少配置情况下，可以确保对欠载全年候供电，不受季节、阴雨天长短影响，且可以在电网停电时供电。这在目前我国尚未实现光伏发电并网准许和电力收购政策时，是一种确实可行的城市光伏发电应用方案。

4. 太阳能热利用建筑

太阳能建筑是指利用太阳能代替部分常规能源使室内达到一定温度的一种建筑。广义

图 7-31　太阳能草坪灯＼庭院灯

的太阳能建筑是指直接利用太阳辐射热进行供暖、供热水和制冷空调的建筑。

　　虽然人类在建筑中利用太阳能方面已积累了不少经验，但是，有目的地研究太阳能建筑还是近几十年来的事情。1939 年美国麻省理工学院建成了世界上第一座太阳能采暖建筑。到 70 年代世界性能源危机后，太阳能建筑的发展速度大大加快；目前世界上大约有几十万座太阳能建筑，但多数为采暖太阳能建筑。

　　太阳能建筑分类：根据所采用热系统的不同，可以分为主动式太阳能建筑和被动式太阳能建筑。

　　（1）主动式太阳能建筑

　　主动式太阳能建筑需要一定的动力进行热循环。主动式太阳能建筑供暖系统主要由集热器、管道、贮热装置、循环泵、散热器等组成。图 7-32 为主动太阳能建筑供暖系统示意图。

　　主动式太阳能建筑供暖系统的结构方式很多，具体可参考相关文献。

　　一般说来，主动式太阳能建筑能够较好地满足住户的生活要求，可以保证室内采暖和供热水，甚至制冷空调。但设备复杂，投资贵，

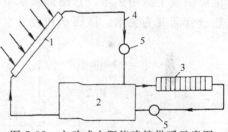

图 7-32　主动式太阳能建筑供暖示意图
1—集热器；2—贮热；3—散热；
4—管道；5—水泵或风机

需要消费辅助能源和电功率，而且所有的热水集热系统都需要设有防冻措施。这些缺点造成主动式太阳能建筑目前在我国难以推广应用。

　　（2）主动式太阳能建筑范例

　　图 7-33 是空气式的丹佛太阳能建筑，由 Lof 博士在美国科罗拉多州丹佛市建造的。用太阳能集热器来加热空气，集热器的有效面积为 49.2m²，地板面积约 195m²。两组空气集热器串联连接，第一组有一层玻璃，第二组有两层玻璃。集热器相对于平屋顶的角度为 45°。蓄热介质为 10640kg 卵石，卵石直径为 2.5～3.8cm。

　　蓄热介质装置在直径为 0.91m、高 5.5m 的两根圆柱形管内。在一根蓄热管中有一根导管自上而下地穿过，以作为屋顶上的集热器组与地下室设备之间的通道。生活用热水通过空气——水热交换器由太阳能预热，所需的其余热能由常规燃料的加热器提供。该系统

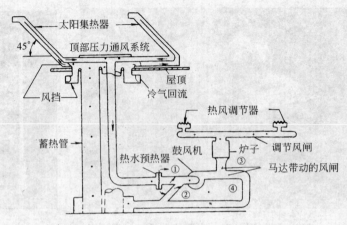

图 7-33　空气式丹佛太阳能建筑采暖系统图

的辅助热源是烧天然气的炉子。

图 7-34 是麻省理工学院 4# 太阳能建筑的供热水采暖系统图。该系统的集热器两层玻璃的吸收板为涂黑铝板，集热管采用铜管。不用集热器系统时，可将水卸至容量为 757L 的膨胀水箱内。辅助热源是一个烧油的水加热器，并包括一个 378.5L 的水箱。供暖房间采用热风采暖，热量靠一个水——空气式换热器传给室内空气。室内装有温度敏感元件，当室内温度降低时，则由蓄热水箱供应热量，如果室内温度继续下降，即蓄热水箱的热量不能满足负荷的要求，电动阀就改变位置，使热水从辅助水箱而不是从主水箱循环。该系统也可供应生活用热水，它使自来水串联地通过主蓄热箱中的加热管及辅助水箱中的另一加热盘管而变为热水。该热水和自来水混合以得到所需的 60℃ 的水。

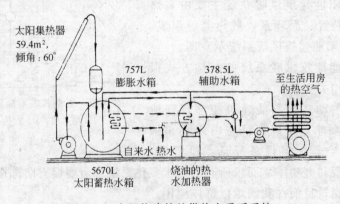

图 7-34　太阳能建筑的供热水采暖系统

图 7-35 是在甘肃省建造的主动式太阳能建筑热水采暖系统图。集热器为管板式，吸热板为 δ=1mm 的铝板，集热管为 φ21×1 的铝管，面盖为一层 3mm 厚的玻璃和一层 30μm 厚的聚酯薄膜。热水容积为 3m³。采暖房间分别设置排管式地板辐射板及铸铁圆翼型散热器。采暖房间温度要求维持在 15℃，由自动控温仪监控。当蓄热水箱温度高于 35℃ 时，由该水箱热水供暖，当蓄热水箱温度低于 35℃ 时，只由辅助电炉供暖。

（3）被动式太阳能建筑

被动式太阳能建筑就是不用任何其他机械动力，只依靠太阳能自然供暖的建筑。白天的一段时间直接依靠太阳能供暖，多余的热量为热容量大的建筑物构件（如墙壁、屋顶、地板）、蓄热槽的卵石、水等吸收，夜间通过自然对流放热，使室内保持一定的温度，达到采暖的目的。

被动式自然供暖的太阳能建筑，就地取材，建筑技术简单，便宜舒适，不（或较少）耗费其他常规能源，特别适合于我国广大农村使用。其缺点是冬季平均供暖温度偏低，特别是连阴天或下雪天，必须补充其他简易供暖。

被动式太阳能建筑的类型很多，按照利用太阳能方式的不同，可以分为以下两种：

1）间接得热式

间接得热的基本形式有特朗伯集热墙、水墙和附加阳光间。

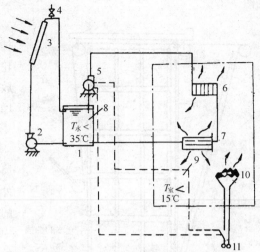

图7-35 主动式太阳能建筑热水采暖系统

1—水箱；2—水泵；3—集热器；4—排阀；5—水泵；
6—散热器；7—散热器（地面辐射板）；
8、9—温度监控板；10—辅助热源；11—电源

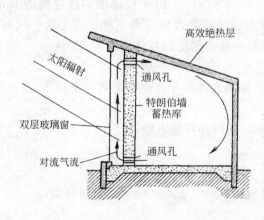

图7-36 特朗伯墙冬季白天工作状态

• 特朗伯集热墙（见图7-36）。将集热墙向阳外表面涂以深色的选择性涂层加强吸热并减少辐射散热，使该墙体成为集热和贮热器。待到需要时（例如夜间）又成为放热体。离外表面10cm左右处装上玻璃或透明塑料薄片，白天有太阳时，主要靠空气间层被加热的空气通过墙顶与底部通风孔向室内对流供暖，夜间则主要靠墙体本身的贮热向室内供暖。夜晚，要关闭特朗伯墙的通风孔，玻璃和墙之间设置保温窗帘。墙体向室内辐射热并与周围空气对流换热，使室内气温不会下降过多。混凝土墙是重质围护结构，热惰性较大，温度波动的时间延迟较长，这对于夜晚围护结构内表面辐射传热有利。混凝土墙厚度因用途而异，Trombe等人提出400～500 mm是最适宜厚度，美国Baleomb等指出，如室温在18～24℃波动，则300mm是理想厚度。

该集热墙是由法国太阳能实验室主任Felix Trombe博士首先提出并实验的，故通称"特朗伯墙"。在我国应用较少，但在西部"光明工程"中，为提高独立光伏电站蓄电池房的冬季温度，曾采用特朗伯墙。常州天合光能有限公司在西藏昌都新建40座光伏电站中均采用这种方式。

• 水墙。同一般建筑材料相比，水的比热大，贮存同样多的热量，用水比用其他建材的重量要轻。因此，水墙的研究得到普遍关注。水墙太阳能建筑，国内没有应用报道，

见图 7-37。

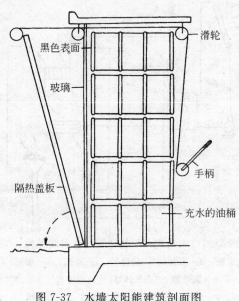

黑色表面

滑轮

玻璃

手柄

隔热盖板

充水的油桶

图 7-37　水墙太阳能建筑剖面图

水盛于铁桶内，桶外表面涂成黑色吸热面，桶前为玻璃层，玻璃窗外设隔热盖板，通过滑轮，用手柄可操作其上下。在冬季，白天将板放平作为反射板，将太阳辐射热反射到水桶，增加吸热；夜晚，使板立起，减少热损失。夏季的操作过程则相反。

· 附加阳光间（greenhouse）。附加阳光间属一种多功能的房间，除可作为一种集热设施外，还可用来作为休息、娱乐、养花、养鱼等的空间，是寒冬季节让人们有如置身于大自然中的一种室内环境，也是为其毗连的房间供热的一种有效设施。

附加阳光间除最好能在墙面全部设置玻璃外，还应在毗连主房坡顶部分加设倾斜的玻璃。这样做可以大大增加集热量，但倾斜部分的玻璃擦洗比较困难。另外，当夏季时，如无适当的隔热措施，阳光间内的温度往往将变得过高。当冬季时，由于玻璃墙的保温能力非常差，如无适当的附加保温设施，则日落后的室内温度将会大幅度地下降。以上这些问题，必须在设计这种设施之前充分考虑，并应提出解决这些问题的具体措施。

附加阳光间有以下优点：

A. 有附加阳光间的年度热损失只相当于无该阳光间的年度热损失的一半；

B. 附加阳光间的管理比特朗伯墙简单；

C. 可以种花卉、果树，成为毗连种植温室，同时还可晒衣物；

D. 开阔视野，舒畅心情；

E. 夏季可开窗通风，并设窗帘等遮阳物，防止直射热。

这种附加阳光间目前被广泛采用在南面阳台用玻璃窗密封，夜间用窗帘保温。

2）直接得热式

被动式采暖系统中，最简单的形式就是"直接得热式"。这种方式升温快、构造简单，不需增设特殊的集热装置，与一般建筑的外形无多大差异，建筑的艺术处理也比较灵活。同时，这种太阳能建筑的投资较小，管理也比较方便。因此，这种方式是一种最易推广的太阳能采暖设施。许多传统民居中就有直接得热式的设计思想。

直接得热式的工作原理是，冬季让太阳从南面窗直接射入房间内部，用楼板层、墙及家具设备等作为吸热和贮热体，当室温低于这些贮热体表面温度时，这些物体就会像一个大的低温辐射器那样向室内供暖。辐射供暖比空气对流供暖更有效而舒适。当然其所需舒适温度比对流供暖的要求低。此外，为了减少热损失，夜间必须用保温窗帘或窗盖板将窗户覆盖。实验与理论均证实，保温窗帘盖在窗户冷侧（外侧）可消除或大大减轻窗玻璃内侧面的凝结水（表面结露）。

直接得热供暖太阳能建筑，见图 7-38 和图 7-39。我国自古以来，这种建筑被民间广泛采用。

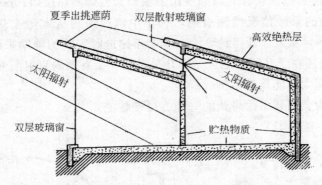

图 7-38　直接得热供暖太阳能建筑(冬季白天)

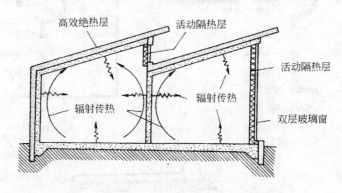

图 7-39　直接得热供暖太阳能建筑(冬季夜间)

(4) 被动式太阳能建筑范例

1) 直接得热式实例

英格兰北部沃莱塞乔治街的学校建筑是一个直接得热式的太阳能建筑(北纬 53.40°，横剖面示意见图 7-40)，墙长 70m，高 8m 。全部双层玻璃，外层为透明玻璃；内层为粗糙扩散玻璃，装于透明玻璃后 600mm 处。用扩散玻璃比其他方法可扩散更多面积的阳光到达顶棚、地板和后墙；在两层玻璃中间可装遮阳板，为夏季提供(直射)屏蔽，同时也可作为维修的通道。

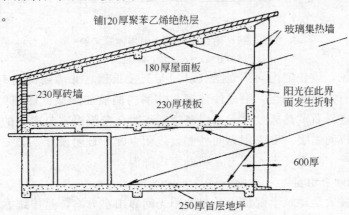

图 7-40　乔治街学校太阳能建筑剖面

贮热物质是钢筋混凝土屋面板（180mm 厚）、楼板（230mm 厚）、地板（250mm 厚）以及 230mm 厚的砖墙。屋面板和北墙外层用膨胀聚苯乙烯隔热层（120mm 厚）。

连续对该建筑的采暖情况检测表明，一年中该建筑物从太阳能获得约 70%的热量，从灯光获得约 22%，从人体获得约 8%。1962 年建造时安装的辅助采暖设备一直没用过。该建筑的成功之处还在于其所在地区冬季几乎没有什么有效的直射阳光采暖。

2）附加阳光间太阳能建筑示例

图 7-41 所示为美国新墨西哥州的一幢二层楼住宅。

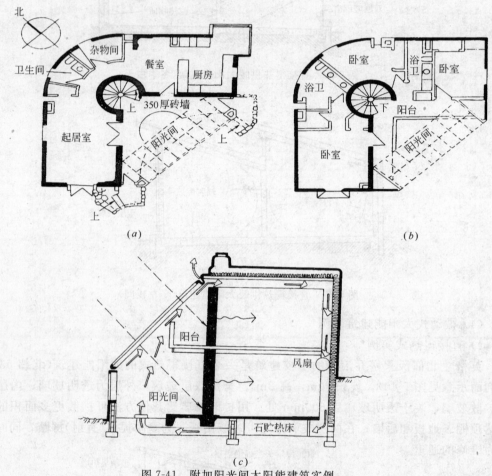

图 7-41　附加阳光间太阳能建筑实例

(a)首层；(b)二层；(c)剖面

由剖面图可见，该住宅南向阳光间（暖房）与二楼顶棚、北墙内侧设有空气循环通道，与底层地板上块石贮热床相连，沿途使顶棚与北墙内侧被加热成低温辐射面向室内供暖，并将剩余热量输进砾石贮热床贮存起来以备夜间供暖。分隔温室与房间的南墙做成集中热器，白天贮热，夜间供暖。夏季阳光间外侧设遮阳百叶，日闭夜开，必要时夜间还可定时开动风扇将温室冷空气循环进入通道，帮助室内降温。

3）附加阳光间靠山窑

西安建筑科技大学建筑学院提出的附加阳光间靠山窑方案，是传统靠山窑与被动式太阳能利用的结合产物。由图 7-42 可见，窑前增加一个阳光间，阳光间顶有太阳能集热器

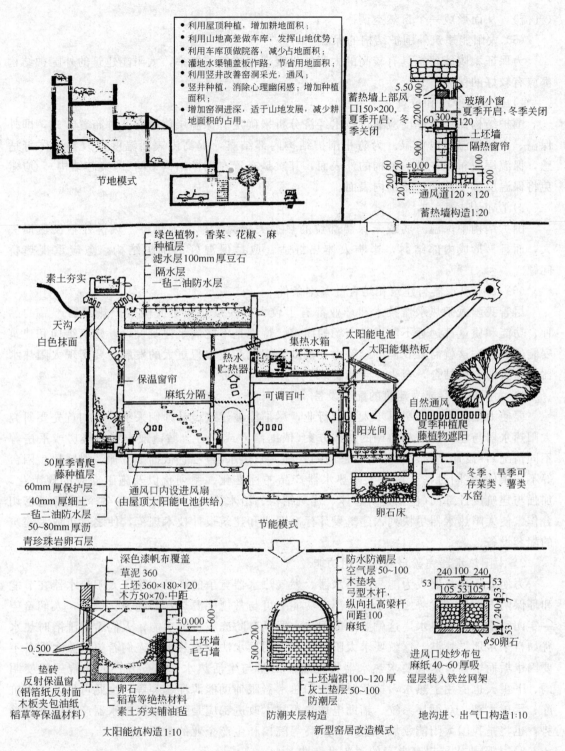

节地模式

- 利用屋顶种植，增加耕地面积；
- 利用山地高差做车库，发挥山地优势；
- 利用车库顶做院落，减少占地面积；
- 灌地水渠铺盖板作路，节省用地面积；
- 利用竖井改善窑洞采光，通风；
- 竖井种植，消除心理幽闲感；增加种植面积；
- 增加窑洞进深，适于山地发展，减少耕地面积的占用。

蓄热墙上部风口150×200，夏季开启，冬季关闭

5.50
400
2200
玻璃小窗
夏季开启，冬季关闭
60 300 120
土坯墙
隔热窗帘
900
±0.00
80 60
120 20
200 60
120
100
200
通风道120×120
蓄热墙构造1:20

绿色植物，香菜、花椒、麻
种植层
滤水层100mm厚豆石
隔水层
一毡二油防水层

素土夯实
天沟
白色抹面
集热水箱
太阳能电池
太阳能集热板
热水贮热器
保温窗帘
麻纸分隔
可调百叶
阳光间
自然通风
夏季种植爬藤植物遮阳

50厚季青爬藤种植层
60mm厚保护层
40mm厚细土
一毡二油防水层
50~80mm厚沥青珍珠岩卵石层

通风口内设进风扇（由屋顶太阳能电池供给）

节能模式

冬季、旱季可存菜类、薯类水窖
卵石床

深色漆帆布覆盖
草泥360
土坯360×180×120
木方50×70，中距
±0.000
600
-0.500
垫砖
反射保温窗
（铝箔纸反射面木板夹包油纸稻草等保温材料）
卵石
稻草等绝热材料
素土夯实铺油毡
土坯墙
毛石墙

太阳能炕构造1:10

防水防潮层
空气层50~100
木垫块
弓型木杆，纵向扎高梁杆间距100
麻纸
1500~200
土坯墙裙100~120厚
灰土垫层50~100
防潮层

防潮夹层构造
新型窑居改造模式

240 100 240
53 105 53 105 53
7 240
53
φ50卵石
进风口处纱布包
麻纸40~60厚吸湿层装入铁丝网架
地沟进、出气口构造1:10

图 7-42　附加阳光间靠山窑

和太阳电池，可为住户提供热水和电力。在阳光间地板下设有蓄热槽，用碎石蓄热。利用热虹吸效应，由与蓄热槽连通的管道，冬季向室内提供热风（气流），夏季向室内提供凉风

103

（气流），从而形成一个自然空调。

（5）太阳能建筑外围护结构的保温

为保证太阳能建筑具有较高的太阳能供暖率和建筑节能率，太阳能建筑的外围护结构都应有较好的保温。

1）保温层厚度和位置

围护结构保温层厚度应通过技术经济分析来确定。保温层位置有3种布置方式，即外保温、中间保温和内保温。为防止围护结构内部结露，提高内表面温度以改善人体舒适感，保温层应布置在围护结构的外表面，其次是布置在围护结构中间（即夹芯结构）。应避免将保温层置于外围护结构内表面。

2）防止热桥

围护结构中保温薄弱或未保温部位的热损失较大，称之为热桥。热桥处不仅热损失大，而且易形成内部结露，影响人体热舒适。愈是保温好的围护结构，愈应重视热桥问题。

（6）太阳热水器与建筑相结合的基本条件

尽管我国太阳热水器技术和产业都有了较大的发展，但是我国太阳热水器产品的品种、功能和质量都远远不能满足市场的需求，特别是不能满足建筑设计、建筑结构和建筑安装的要求，这就需要我们继续努力，推动太阳能产业取得更大的发展。要实现太阳热水器与建筑的有机结合，至少应当具备以下3个基本条件：

1）太阳热水器成为建筑的配套设备

要使太阳热水器能尽早步入建筑行业，尽早能被建筑设计师们采纳，我们首先要研究太阳热水器与建筑外观相协调的总体方案（依据南方或北方、城镇或农村、楼房或平房等不同情况），设计出与建筑结构相适应的各种太阳热水器产品（依据平屋顶、斜屋顶、阳台等不同条件）；同时，要重视太阳热水器产品的标准化、系列化以及施工安装的规范化，加强与建筑设计部门（包括建筑总体、建筑结构、给水排水、暖通空调等各个专业）的密切合作，使太阳热水器尽快列入建筑设计标准图册和建筑设计技术规范，使之真正成为建筑的配套设备。

2）太阳热水器完善自身的使用功能

为使太阳热水器成为能与电热水器、燃气热水器竞争的产品，除了太阳热水器在节能和环保两方面具有优势之外，还应当在功能上可与常规能源热水器媲美。例如，人们希望一年四季都能用上热水，这就要求太阳热水器具有防冻或抗冻功能；人们希望洗浴时热水犹如自来水那样喷淋，这就要求太阳热水器采用顶水法取出热水；人们希望供热水设备不要因水垢而堵塞，这就要求热水器将集热器回路与生活热水回路分开；人们希望即使阴雨、下雪天也能用上热水，这就要求太阳热水器跟辅助能源配套等等。由此可见，防冻抗冻、承压水箱、双循环系统、辅助电加热等技术改进都应是我国太阳热水器产品的发展趋势，也将是我国太阳能领域科研单位、高等院校和生产企业的重要任务。

3）太阳热水器提高自身的耐久可靠性

太阳热水器跟彩电、冰箱一样，都属于家庭的耐用消费品。消费者花钱买了太阳热水器，就希望使用的时间越长越好。因此，今后的太阳热水器既要有优良的热性能，又要大大提高耐久性、可靠性（如：耐压、抗冻结、防过热、防结垢、防倒流、电气安全等等）。

为了做到这一点，我们不仅要求从太阳热水器主体（包括：集热器、贮水箱等）的结构设计、选用材料和制造工艺等方面予以保证，还要求对太阳热水器的零配件（如：管道、密封圈、手动阀、电磁阀、循环泵、水位计、温控仪、电加热器等等）进行认真调查，严格选取，研究开发，确保这些零配件的使用寿命和可靠程度可以跟热水器主体相匹配，从而使太阳热水器成为名副其实的耐用消费品。

（7）在与建筑结合中有产业化前景的太阳能产品

要真正实现太阳能与建筑的有机结合，必须先解决太阳热水器的防冻抗冻、承压水箱、双循环系统、辅助电加热等技术问题。从这个意义上说，能够满足这些要求、易被建筑设计师们采用、因而具有产业化前景的太阳能产品应属平板型集热器和热管式真空管集热器，以及由这两类产品组成的家用太阳热水器、太阳能热水系统和各种其他太阳能热利用系统。

1）平板型集热器

平板型集热器结构简单，采用固定安装，不需跟踪太阳，可同时利用直射辐射和散射辐射，成本较低。但它不具备聚光功能，热流密度较低，所以工作温度限于100℃以下。

1987年从国外引进我国第一条铜铝复合吸热板生产线，经科技人员对该技术消化吸收，完善提高，精益求精，其产品质量在国内同类产品中一直居领先水平。目前，吸热板的涂层采用连续化铝阳极氧化选择性吸收涂层；集热器的透明盖板选用高强度的钢化玻璃；另外，采用承压贮水箱及顶水法取热水。

为了解决平板型太阳热水器过冬问题，这是将集热器吸热板的局部材料作特殊改进后，利用吸热板内水的"顺序冻结"以达到抗冻的目的；太阳能所还曾研究开发过一种"防冻太阳热水器"，它是采用双循环系统，即集热器内被加热的防冻液通过热交换器将热量传递给贮水箱内待用的水。抗冻热水器和防冻热水器都采用承压水箱，并在进水口安装泄水阀，以便将进水管排空，防止水管冻裂。

一部分人认为，真空管热水器的热效率总是比平板型热水器高，因而无论何地都是使用真空管热水器好。其实这种想法是缺乏科学依据的。理论分析和实验结果都已经表明：在我国绝大部分地区的春夏秋三季，平板型热水器的热效率都比真空管热水器高；即使在我国相当一部分地区的冬季，平板型热水器的热效率仍比真空管热水器高。究其原因有两个：一是因为在相同的采光面积内，平板型集热器的吸热板面积比真空管集热器大；二是在太阳热水器的工作温度内，平板型集热器的瞬时效率不一定比真空管集热器低。正因为如此，目前全世界太阳热水器的90%以上都是平板型热水器，国内生产厂家很多，由于平板集热器有利于建筑一体化，价格较低，配以良好的控制系统，其应用前景十分良好。

2）热管式真空管集热器

同传统平板集热器相比，真空管集热器将吸热体与透明盖层之间的空气夹层中的空气抽去，形成真空，减少了空气对流的热损失，提高了集热效率。目前，国内生产的太阳能热水器已大批采用真空管集热器。

热管式真空管集热器是一种金属吸热体真空管高科技产品，在热管式真空管集热器中，抗冻的铜——水热管作为高效的传热元件，在−20～30℃的环境温度下不会冻裂；玻璃——金属之间的封接采用先进的热压封技术；铜铝复合太阳条用作吸热扳，其表面磁控溅射铝—氮—氧选择性吸收涂层；玻璃管采用高强度的硼硅玻璃，抗雹能力强。

由于真空管内不走水，而且真空管与集管之间采用"干性连接"，因而热管式真空管集热器具有耐冰冻、承压大、启动快、保温好、耐冷热冲击、运行安全可靠、易于安装维修等许多特点，特别适用于太阳能热水系统和各种其他太阳能热利用系统。

热管式真空管太阳能热水系统已在我国及许多国家得到了成功的应用。有一批太阳能热水和采暖综合系统安装在斜屋顶的建筑上，采用强制循环，贮水箱放置在斜屋顶底下，整体外形十分美观。这种集热器目前国内应用最广泛，各地均有出售。

5. 太阳能光电建筑

随着光伏发电日趋广泛的应用，光伏发电如何与建筑一体化是首先必须解决的问题。

(1) 并网发电及建筑集成的意义

1) 标志着光伏发电由边远地区和特殊应用向城市过渡；

2) 由补充能源向替代能源过渡；

3) 由大型集中电站向分布式供电模式过渡；

4) 人类社会向可持续发展的能源体系过渡。

光伏发电与建筑一体化设计中首先要解决建材与光伏组件一体化组成光伏构件，然后解决建筑结构与光伏构件如何实现相互可靠连接，同时实现防雨水渗漏、防风、电缆连接、构件边框接地、构件背面通风、安装方便等要求。

(2) 组合式铝边框光伏构件

这种构件可用于常见木结构斜屋顶光伏发电一体化设计。如图 7-43 所示。这种光伏构件尚属开发阶段，常州天合光能有限公司开发较早，并已投入生产。

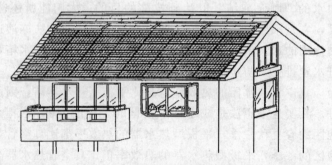

图 7-43　光伏发电一体化简图

1) 木结构屋顶设计

木结构屋顶通常有横梁、椽子、屋面木板、屋檐、油毛毡等组成。如图 7-44所示。为了在屋面上用光伏组件代替瓦片，增设了光伏组件防止下滑的前挡板和固定光伏组件的木垫板。

如果光伏组件只覆盖部分屋面，如图 7-43，则在光伏组件两侧与瓦片交接处安装左右纵向水槽，水槽的结构可以确保两者交接处不会发生雨水渗漏。

2) 光伏建筑构件结构设计

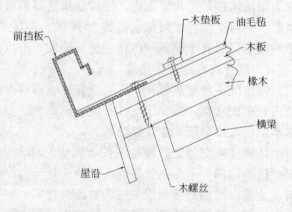

图 7-44　木结构屋顶结构剖面图

光伏建筑构件结构设计是首先用类似普通光伏组件的边框（形状较简单，但又能与外加边框相配合的结构）进行热压封装，然后在组件边框之外再附加边框，这种附加边框结构，应该具有以下功能：

- 外加边框与已封装的组件边框能相互配合和可靠连接；
- 保证各组件连接处若有雨水渗漏，都能顺畅地沿组件附加边框流出，不会渗漏到组件下面；
- 能方便可靠地固定于建筑屋面；
- 便于电缆连接和走线；
- 组件边框可靠接地；
- 组件背面能通风；
- 组件结构具有左侧、中间、右侧3种形式，便于相互组合、任意扩展；
- 组件上下两块，采用搭接方式，便于组件表面雨水流出，搭接处有黏带胶接，防止雨水在上下交接处下渗。

如图7-45所示光伏建筑构件，其中(a)为左边构件左边框结构；(b)为左边构件右边框与中间构件左边框分开的结构；(c)为中间构件右边框与右边构件左边框组合的情况；(d)为右边构件右边框；(e)为构件顶部结构情况。

构件电缆孔

图7-45　光伏建筑构件

(a)左边构件左边框；(b)左边构件右边框中间构件左边框分开部；
(c)中间构件右边框右边组件左边框组合部；(d)右边构件右边框；(e)构件顶部

3）光伏屋面安装顺序

在建造完木板屋面后可进行光伏构件的安装。

- 安装屋沿光伏构件挡板；
- 铺设油毛毡；
- 划光伏构件安装线；
- 安装构件两侧纵向水槽；
- 光伏构件安装，从屋沿由左向右横向安装，再自下向上一层一层安装；
- 地线固定；
- 光伏方阵输出电缆引入室内；
- 光伏方阵上侧防水板安装；
- 光伏方阵四周瓦片覆盖；
- 覆盖防护罩。

屋面雨水与通风流动状况如图 7-46 所示。

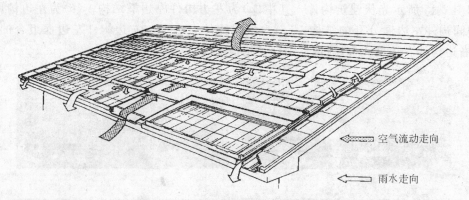

图 7-46　屋面雨水与通风流动状况

全部光伏方阵接线方式如图 7-47，图中为 3 组方阵并联，每组 19 块构件串联。

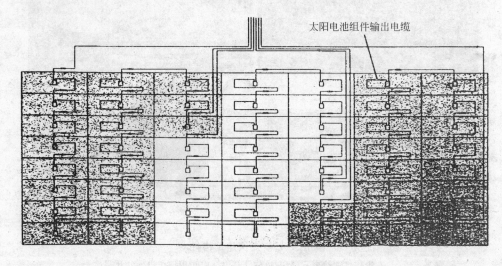

图 7-47　全部光伏方阵接线方式

（3）透光型光伏建筑构件

108

1）功能

透光型光伏建筑构件是将太阳能发电与传统玻璃幕墙相结合的一种新型建筑幕墙（屋顶）的主要功能构件。通过本项目的开发使其具有以下独特功能和优点：

• 透光型光伏建筑构件利用绿色的太阳能源来发电达到节能和环保要求；

• 透光型光伏建筑构件集成到建筑幕墙（屋顶）中替代传统的玻璃墙面材料解决了太阳能发电所需的必要受光面积问题，可以降低太阳能发电系统成本；

• 透光型光伏建筑构件优美的外观，具有独特的装饰效果；

• 作为建筑物外围护具备隔声、隔热的作用。

2）结构说明

如图 7-48 透光型光伏建筑构件上层为高透光钢化玻璃，中间为太阳电池片阵列，下层为钢化玻璃，颜色任选。上层玻璃与太阳电池阵列及下层玻璃三者之间用透明的 EVA 树脂热压封装而成，连接电池片的导线从中间引出到接线盒，可在侧面或底面。此结构可作为夹层玻璃在幕墙上使用，安全性好、抗冲击强度高。

若用上述透光型光伏建筑构件作为外片，取另外一片玻璃作内片，层间留间隙用铝隔条隔开，四周用高强度、高气密性的密封胶粘接，可制成 3 层玻璃组成的中空透光隔热型构件，具有保温、隔热、隔声等性能，外形见图 7-49。

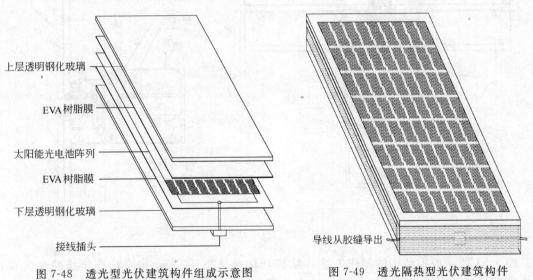

图 7-48　透光型光伏建筑构件组成示意图　　　图 7-49　透光隔热型光伏建筑构件

3）透光型光伏建筑构件安装边框及安装结构设计

由于幕墙技术迅速发展，其种类和结构形式各不相同，其相同之处是采用各种方法将幕墙饰面材料固定到与建筑相连的幕墙结构骨架上，保证达到幕墙要求的各项性能指标，不同之处是透光型光伏建筑构件作为饰面材料，其中有吸收光能的太阳电池片，需将相互连接导线引出到逆变器中去，因此本项目设计的边框结构具有以下特点：

• 保护连接导线不被损伤；

• 导线隐蔽在边框内，不影响外观，导线能顺利走线且易于维护；

• 光伏组件安装简单、连接可靠；

• 边框结构材料刚性、强度达到国标要求。

边框结构可以根据不同种类、不同结构、不同作用进行细致设计，能满足不同场合的要求。图7-50、图7-51为两种边框结构示意。

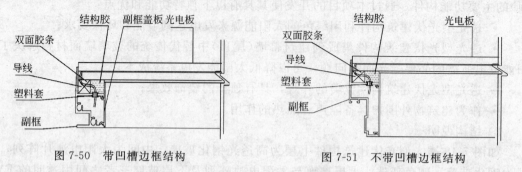

图7-50　带凹槽边框结构　　　　　　　　　　图7-51　不带凹槽边框结构

图7-50所示边框结构适用于隐框光电幕墙。采用凹槽式，可以用压板固定(详见隐框结构图7-52)或插入式(利用边框凹槽)玻璃幕墙常用的固定形式。

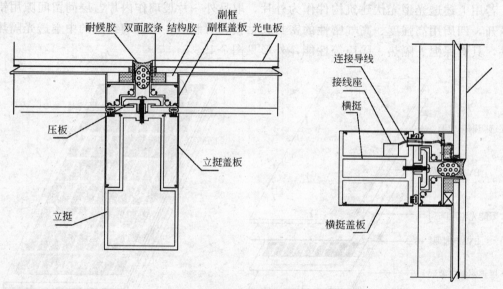

图7-52　隐框结构

图7-51所示边框结构的制作方法，结构功能与边框图7-50相同，有导线腔和盖板，但没有凹槽墙。因此安装方法不同，其安装用螺栓直接固定在幕墙框架上，安装图见隐框结构图7-52。该安装为外挂内装式，可在室内进行紧固工作，安装时螺栓在腔内操作，同时保护好导线。此种结构适用于隐框光电幕墙。

对于明框光电幕墙，光伏构件镶嵌在两型材之间，用夹持的方法进行安装，光伏构件可有边框亦可无边框，使导线和固定柱牢固可靠走线顺利，参见图7-50、图7-51。透光型组件夹持在压板和扣板(支承板)中间。扣板预先制好导入孔，使导线能进入扣板腔内进行布置。

（4）光伏发电与建筑一体化实例

图7-53是由常州天合光能有限公司开发的组合式铝边框光伏构件组成的屋顶和透光型光伏构件组成的墙面，使光伏发电与建筑如此完美结合于一体，在国内属于首例，具有

良好的示范意义。

图 7-54 是由常州天合光能有限公司设计建造的另一座低层低密度建筑，体现了光伏发电、太阳热水系统两者与建筑一体化的理念。光伏发电系统采用太阳能优先利用方式设计，太阳能不足时由电网辅助供电，两者自动切换。太阳热水系统采用平板集热器和耐压、强迫双循环系统，具有防冻、防结垢、电辅助加热全自动控制等特点。

图 7-53　光伏发电与建筑一体化

图 7-54　光热、光电与建筑一体化

### 6. 技术经济指标

太阳能在住宅中应用的经济效益包括两个方面。一方面是由于太阳能的应用节省了石化燃料（煤、石油、可燃气体等）消耗，所产生的经济效益。另一方面由于太阳能代替了石化燃料，减少了对大气的污染，减少了国家对治理环境的投入。这部分的经济效益也是十分可观的，但是对太阳能应用者而言，直接经济效益只有前者。而后者得益的是国家。因此太阳能应用产品，国家理应给予各种经济资助和政策性优惠，这样才能更好地推动太阳能应用的推广。世界各国太阳能应用发展状况，与该国政府推出的相关政策密切相关。以下就与使用者直接相关的经济性作一分析。

（1）光热利用经济指标

太阳能的热利用由于其效率较高，例如平板集热器或真空管集热器的热效率全年平均在 50%～60%，且由于太阳能利用系统技术含量相对较低，设备价格不高，一般 4～5 年就能收回投资，故能被广大消费者接受。

表 7-11 以每天向用户提供 55℃热水 150L，采用太阳能（电辅助加热）热水器与全用电加热经济效益对比，全年以 300d 计。

太阳能（电辅助加热）热水器与全用电加热经济效益对比　　　　表 7-11

| 名　称<br>投资与运行费用 | 太阳能（30管）＋电加热 | 电 加 热 器 |
|---|---|---|
| 装置初投资 | 8427 元 | 4500 元 |
| 装置寿命 | 15 年 | 5 年 |
| 每年运行费用 | 351 元 | 1170 元 |
| 15 年总运行费用 | 5265 元 | 17550 元 |
| 15 年总投资 | 8427 元 | 13500 元 |
| 15 年总费用 | 13692 元 | 31050 元 |

从上表可见，太阳能热水系统与电热水器相比，前者在 5～6 年可收回所有成本，免费再用 9～10 年。对使用者的直接经济效益是十分明显的。

（2）光电利用经济指标

由于目前产品化的太阳电池组件的光电转化效率只有 13%～15%，最新的技术，也只能到达 18%～19%。而太阳电池制备过程技术含量较高，材料成本也高，因此目前太阳能发电成本较高，与目前电网电价相比较，为电网电价的 4～5 倍，故太阳能发电在目前条件下，其经济性较差。但是在远离电网的地区，可解决分散居住地区的照明用电。这类地区由于电网供电成本高，用电量又小，利用太阳发电就具有显著的经济效益。

随着技术的不断发展和太阳电池生产规模的不断扩大，太阳电池组件的成本将会大幅下降，光伏发电系统安装成本每年以 9% 的速度降低。国际上光伏组件的生产成本从 20 世纪 70 年代的 $80/Wp，80 年代的 $13/Wp，90 年代的 $4/Wp，下降到 2001 年的 $2.1/Wp，发电成本达到 $0.245/kWh 的水平。预计到 2020 年并网光伏系统的价格将从目前的 $7.0/kWp 下降到 $1.52/kWp，发电成本将从目前的 $0.245/kWh 下降到 $0.053/kWh，届时太阳能发电的成本将低于电网价格。

城市中太阳能发电应采用与建筑相结合的并网发电系统，因此太阳能发电系统的成本应当不包含蓄电池成本，扣除光伏建筑构件所代替的普通建材的成本，和由于减少环境污染而投入的费用，因此在不久的将来城市中应用光伏发电系统的经济性也是十分显著的。

7. 规范的执行情况

太阳能应用是一个新型产业，发展十分迅速，尤其太阳能热水器企业，如雨后春笋，国内已有上千家生产企业。由于发展过快，形成市场竞争激烈，产品质量参差不齐，鱼目混珠，急需要通过制订相应的产品标准和规范，严把产品质量关。

为了进一步促进太阳热水器产业的发展，提高我国太阳热水器的产品质量，引导太阳热水器产业的技术进步，指导生产，规范市场，保护消费者利益，国家标准化管理委员会批准公布了 4 项有关太阳热水系统的国家标准：

• 《家用太阳热水系统热性能试验方法》（GB/T 18708—2002）（2002 年 10 月 1 日实施）；

• 《太阳热水系统设计、安装及工程验收技术规范》（GB/T 18713—2002）（2002 年 11 月 1 日实施）；

• 《太阳集热器热性能室内试验方法》（GB/T 18974—2003）（2003 年 7 月 1 日实施）；

• 《家用太阳热水系统技术条件》（GB/T 19141—2003）（2003 年 10 月 1 日实施）。

目前，我国的太阳热水器产业已经与燃气热水器、电热水器呈鼎足之势，其市场占有率还在不断提高。到 2002 年底，太阳热水器的总产量已达到 1000 万 m²，总产值 110 多亿元人民币，总保有量 4000 万 m²，为社会提供了 25 万多个就业机会。我国太阳热水器的年销售量为欧洲的 10 倍，不论是生产量还是保有量，都居世界第一位，成为太阳热水器的生产和使用大国。

这 4 项标准的制订参考了国际标准化组织和欧盟的有关标准，紧密结合我国太阳热水器的技术发展水平，是开展太阳热水器检测和认证的技术依据，是促进企业技术进步、规范市场的重要基础。

这 4 项国家标准的发布与实施，无疑将为进一步促进我国太阳热水器产业的健康、持续发展，具有十分重要的作用和意义。

太阳能应用的发展方向是与建筑相结合，但这还刚刚开始，国家尚未制订出相应技术标准和规程，正着手通过光热光电行业、家电行业、建筑行业等共同努力，逐步制订光热、光电产品和工程的各种标准和规范。目前，不少单位已通过实际工程为制订标准和规范积累了许多宝贵的经验。

## 名 词 解 释

1. 环路集管：将若干并联环路连接到供、回水主管的管道，环路集管是用来给并联环路提供相等流量的管路。

2. 地热交换器：一种密闭的地下管道，传热流体从中流过并从大地吸收热量或将热量排入大地。

## 参 考 文 献

1. H. J. Laue. Regional report Europe：heat pumps — status and trends. International Journal of Refrigeration. 19 April 2000

2. Takao Nishimura. Heat pumps — status and trends in Asia and the Pacic. International Journal of Refrigeration. 28 November 2000

3. Huttrer，Gerald W. Geothermal Heat Pumps：an Increasingly Successful Technology. Renewable Energy. February 3，1997. Volume：10

4. Gerald W Huttrer. The status of world geothermal power generation 1995－2000. Geothermics. 27 July 2000

5. Arif Hepbasli, Ozay Akdemira，Ebru Hancioglu. Experimental study of a closed loop vertical ground source heat pump system. Energy Conversion and Management. 7 February 2002

6. Gillet. A. C. Heat Pumps and Renewable Energies，12 September 1996

7. Li XinGuo. Thermal performance and energy saving effect of water-loop heat pump systems with geothermal. Energy corners Mgmt. 3 May 1996

8. John W. Lund. Geothermal Heat Pump－An Overview. GHC BULLETIN. March 2001

9. 刁乃仁，方肇洪．地源热泵—建筑节能新技术．建筑热能通风空调，2004.3

10. 倪龙，封家平，马最良．地下水源热泵的研究现状与进展．建筑热能通风空调，2004.2

11. 李先瑞，朗四维．热泵的现状与展望．建筑热能通风空调，1999.4

12. 唐肇熙，刘克福，党洁修．热泵的开发和应用．成都大学学报，1995.1

13. 舒碧芬，郭开华，蒙宗信，李颂哲．我国热能技术研究现状及应用发展，制冷，1995年第2期

14. 李如虎．应用热泵节能技术充分利用低温余热．广西电力技术，1999年第2期

15. 吴业正．制冷原理与设备．西安：西安交通大学出版社，1999

16. 刘宪英，韦强，吴乐颂．水源热泵空调系统设计有关问题讨论．重庆建筑大学学报，1997.10

17. 郭志军，王敏．水源热泵概论分析，2001.10

18. 蒋能照．空调用热泵技术及应用．北京：机械工业出版社，1999

19. 李新国．水源热泵应用低温地热的节能效果分析．天津大学学报，1997.5

20. 李先瑞，刘笑．水源热泵与未利用能．北京节能，2000年第四期

21. 刘宪英，黄忠，孙纯武，韦强．水源热泵空调器的测试及其有关问题讨论．暖通空调，1997年第27卷第4期

22. 杨园，陈永昌，王秀丽．水源热泵机组在住宅中的应用．建筑热能通风空调，1999.5

23. 武云浦，花蕊，任晓燕．大规模推行水源热泵规划应用．住宅科技，2001.8

24. 吕鑑，冯彦刚．城市污水低位热能回收利用的研究．工业废水与用水，2001.5

25. 徐伟等译．土壤源热泵工程技术指南．北京：中国建筑工业出版社，2001

26. 王景刚，张子平，王侃宏，侯立泉．R22 涡旋压缩式土壤源热泵机组循环性能研究．河北建筑科技学院学报，2002.3

27. 徐邦裕，陆亚俊，马最良．热泵．北京：中国建筑工业出版社，1998

28. 寿青云，陈汝东．高效节能的空调—土壤源热泵．节能，2001

29. 李元普，Lee Gebert，李秀果．美国土—气型土壤源热泵技术在中国的推广．节能与环保，2002

30. 李新国，胡璨等．土壤源热泵—供暖空调节能环保技术．节能与环保，2001

# 工程实例

# 金都·富春山居的建设探索

## 1. 项目概况

金都·富春山居位于杭州西南郊，富阳市境内，距杭州市区 26km，约半小时车程。整个居住区占地 1000 余亩（66.7hm²），规划建造独立别墅、联体别墅 562 套，目前一期 200 多套别墅已建设完成并交付业主使用。

金都·富春山居的开发始于 2000 年，随着杭州市中心住宅用地的日趋紧张以及人们向往自然，向往健康居住的愿望不断增强，城郊低层低密度住宅的开发在杭州具备了一定的市场基础，同时杭州市政交通状况的改善和汽车进入家庭也使人们住在城郊成为现实可能。

## 2. 基地特点与开发理念

金都·富春山居南临杭富一级公路，北面紧贴午潮山国家森林公园，基地为向阳的丘陵缓坡地，中部偏西北多山岗，东南多组成坡，相对高度 200m，数条小溪顺着地势蜿蜒曲折汇流到杭富公路边的大水塘。基地东北边有一个大水库（黄梅湖），中部修筑有若干小水库和水塘。基地中部山冈主要植被是树龄 20 余年的杉树林，树林葱郁。其余部分为竹园、茶园等，各处还散落着各种年代久、树形高大的树种。

午潮山国家森林公园拥有丰富的植被，天然林木覆盖率达 76.5%，有松、竹、香樟、枫香、金松、银杏、玉兰等 40 多个品种的野生植物，其中有不少为国家珍稀的濒危植物。整个区域日照充足、景观优美、小气候宜人，大气环境、水环境、声环境均远远优于杭州市区。

金都·富春山居主要规划设计条件为：总建筑面积不超过 20 万 m²，容积率 0.25~0.6，绿地率大于 50%，建筑密度小于 30%。

根据基地的环境特点，金都房产初步考虑了居住区开发的指导思想。起伏的地势可以使住宅建设改变这一带的小区开发原先铲平再做的方法，寻求每幢别墅因地制宜，借用周边的景致和所处的特殊地形布置，并尽可能对别墅周边的植被、水系予以保留和优化。这一思想最终形成了金都·富春山居的开发理念"把家轻轻放在大自然中"。

对于道路和空间形态的组织，利用平缓的地形，使整个山居道路交通便利，道路四通八达，设计弯曲有致，达到移步换景的效果。别墅建筑考虑融入组团化的概念，满足人与人的交往需求，显示生活化的理念，成簇成团。但同时，每幢建筑又用山、水等自然景致相隔，相对独立，以体现景观的差异性和住宅的相对私密性。园区整体景观参照元代画家黄公望的《富春山居图》，达到山水环境与人居的相互融合。

根据住宅区三面环山、区内绿荫浓密、低坡小溪温柔相隔的特点，考虑在适宜地方精心设计和布置各式建筑小品和公建配套。把游憩作为居住系统中的一个子系统，把生活和休闲紧密地结合在一起。整体容积率控制在 0.25。

## 3. 规划与建筑设计特点

金都·富春山居设两个出入口：西侧为次入口，体现小城镇景观。东侧为主入口，入口场为一幅天然的富春山居图画。业主一进小区就可沿湖驱车 100m，给人一种如入世外桃源的感觉。这段距离也足以消除公路噪声对居住的影响。山居从入口开始设一条曲折而上的中轴线，形成中央景观带，形态为柔美的自由曲线（见图 12-1 总平面图）。

园区道路结构是以树枝状的主干道联结核心区与各分区，支路呈尽端式局部环状，串联各分区。园区道路分成 3 个等级：

（1）环线道路——道路宽度为 6～7m，转弯半径 6～9m，在保证交通顺畅的前提下，适当增加线形的曲折，利于限制车速；

（2）组团道路——路面宽 4.5～5m；

（3）绿化步行道——宽 1～2m，结合园区绿化布置，串联不同层次的绿地。

园区绿化系统分多个层次设置：

（1）中心绿地：为带状绿地由入口湖水、中心湖水、溪流、公共建筑的公共绿地组成。

（2）组团绿化：各组团布置集中绿地，为组团邻里提供日常交往的场所。

（3）庭园绿地：住宅庭园尽量保留原有良好植被，除道路、铺地之外，用草坪灌木等加以绿化。

（4）周边绿地：用地范围周边绿地都作保护和利用，园区南边沿路堆土建绿化防护林带，种植杉树林、绿篱作为阻挡外部杂乱噪音的防护林。

（5）道路绿化：行道树采用不规则式栽植，间隔性开辟草坪花境，增加绿化空间层次。

（6）山林绿化：对人工针叶林采取更新择伐、林冠下更新等措施，人工诱导培养针阔混交林，发展果林、经济林。同时应注意制订山林防火、保护和利用生物资源的措施规章。

园区的配套服务设施，如超市、网球练习场、室内网球馆、室内游泳池、室内羽毛球馆、壁球馆、茶室、酒吧、阅览室、小影院、特色餐饮、娱乐健身、美容休闲等都设在沿公路公共建筑区内，形成商业步行街。同时在园区内分设西区、东区会馆，就近服务业主，功能包括餐饮、客房、酒吧、健身娱乐等。

游憩系统分为内部游憩和周边游憩两个系统。内部游憩主要是道路串联各景点，山林景点次要道路和步行游憩道串联，形成山林、坡地、湖溪等立体化的景观游憩系统。周边游憩系统，利用黄梅湖设置各种活动设施，利用周边山林设置登山道、森林漫步道、攀岩石壁等设施。

别墅单体的设计参照了美国当代最流行的别墅款形，以西方住宅的简约为基础，结合中国传统民居的灵秀，创造了山地"轻别墅"的概念——薄屋顶、轻墙体、清色泽、大玻璃，与自然环境浑然天成。见单体实景图。

富春山居的别墅在户型设计上也有很大的突破，跳出了以卧室、客厅、卫生间等来划分空间的固有模式，而以功能为标准将室内空间划分为 5 个区，即礼仪区、交往区、私密区、功能区、室外区。这些别墅建成后，给消费者耳目一新的感觉。

**4. 住宅建筑新技术的探索**

低层低密度住宅为国内外各种先进住宅技术的推行创造了条件，金都房产从提高住宅

的健康、舒适性能，以及环境保护等方面考虑，进行了多项建筑新技术及新体系的探索。

（1）园区配套方面，采用了以下技术：

1）生态净化系统：设置化粪池生化处理池，餐厅设置隔油池，污废水经净化后排放。

2）防火绿化组织：隔火防护林以不助燃的珊瑚树为主要树种建成林带分隔山林；结合游憩步行道使局部山林空间放开，形成隔火带；各山顶设高位水池，并留有接口。消火栓以 120m 间距布置。

3）TN-S 防雷接地系统：工作接地、保护接地、防雷接地合一，加强防雷效果。

4）水资源保护和利用：雨水收集系统，贯通水体，提高生态自净能力。景观用水采用循环泵，提高利用率，节约用水。

（2）建筑单体方面，采用了以下技术：

1）轻钢结构住宅：采用澳大利亚冷弯薄壁轻钢结构体系和轻钢结构计算机辅助精确制造系统。用于悠远居 4 栋住宅计 1700m²。轻钢结构具有自重轻、抗震性能好、环保、房屋结构功能佳等诸多优点。金都房产的实践，为轻钢结构在低层低密度住宅建设中的推行积累了宝贵的经验，同时也提高了住宅的性能和档次。

2）中央通风系统：按法国爱迪士产品进行设计，各幢号内设置中央通风系统的管道及通风口。

3）中央吸尘系统：按法国爱迪士产品进行设计，各幢号内设置中央吸尘系统的管道。

4）屋面防水保温、落水系统：采用美国进口玻纤瓦、XPS/挤塑式聚苯乙烯保温板、抗渗王等五道防水保温层。同时采用加拿大独资生产的 PVC 落水系统，使屋面落水系统既美观又能达到使用功能要求。

智能化配套方面，使用了周界防范系统、闭路电视监控系统、巡更系统、可视对讲系统、车辆管理系统、门禁系统、背景音乐系统、设备自动化系统、家居智能化系统、小区物业管理系统等。

在以上使用的技术中，大部分是历年来金都房产在开发中使用过的比较成熟的技术，也有一些新技术体系的运用，需要同现有的施工及验收程序进行一定的磨合。如轻钢结构建筑体系的运用。

在金都·富春山居项目中，引进了澳大利亚冷弯薄壁轻钢结构体系（light gauge structure，国内也称超轻钢体系）。设计为澳大利亚工程师与浙江新空间建筑设计公司，总建筑面积约 1700m² 采用澳大利亚进口的高强（550MPa）防腐钢卷板，通过计算机辅助制造（CAM 技术）专用设备直接轧制成设计要求的各种不同类型的结构构件。墙体围护材料采用国产加气蒸压混凝土配筋板（南京旭建产品，已达到国家规范要求并输入国标图集），部分外墙由于建筑造型的需要，进口了澳大利亚生产的纤维水泥板（Firbe-cement）。主要建材全部采用了环保型材料。造价接近同等质量的钢筋混凝土住宅。钢混住宅造价约 1300 元/m²，而轻钢结构住宅约 1600 元/m²。

在轻钢结构的实践中我们也碰到了许多困难，其中最主要的是验收标准的问题。目前我们试点的工程施工图是按澳大利亚规范进行设计，而中澳两国执行的规范是有差异的。对照我国现行规范、规程等方面的基本要求，一个较突出的问题是中国规范规定冷弯薄壁钢材厚度不能少于 2mm，而在国际上，美、加、日等地冷弯薄壁结构钢板厚度均不超过 1.2mm，澳大利亚已普遍使用厚度为 0.55mm 的高强板。目前我们用于金都富春山居的钢板厚度为 0.75mm,(BMT,G550,锌铝合金镀层)。类似上述的规范和实践上的差异,使得项目在进入验收程序时遇到较大的阻力。

另外,要取得市场的认可,价格竞争力是非常重要的因素。国产化是降低成本的重要举措。我们希望能尽量少用或不用进口材料,特别是钢材,逐步实现本土化。目前国产薄板无论在强度还是防腐上还很不理想。

对此,我们积极地与政府部门进行了接触,寻求政府主管部门的大力支持和倡导。促进轻钢结构体系的设计标准、验收标准与国际接轨;进一步发展配套建材;开展技术交流和推广等等。

对于采用的其他技术,主要的任务是抓好设计与施工节点的管理,在设计图纸会审过程中请相关配套提供商参与论证,充分交流可能出现的问题与细节缺陷,并形成备忘录,提请施工管理人员注意。在与技术配套相关的施工过程中,我们要求配套方技术人员蹲点现场,指导施工进行。平时要求本公司管理人员学习各种技术配套的施工知识,以便加强工程协调与管理。

### 5. 居住文化的探索

2003 年 3 月,金都·富春山居一期主体建设已进入扫尾阶段,园区景观建设即将启动,此时,一个问题引起了金都管理层的思考:别墅园区的景观建设如何才能获得居住者的认同,如何同地域文化结合以及体现金都·富春山居的开发定位。当时,西湖南线的改造给金都房产很大的触动,管理层感觉到,园区的景观建设也是城市建设的一部分,它给现代城市建设带来很大影响力和活力。如果能够在富春山居项目中,居住建筑方面,人文景观、历史文脉的传承上有所突破,那将是住宅园区景观建设的一项创举,即有利于居住者,又有利于城市建设。

此时金都·富春山居已经建了网球中心、游泳池等,突出了健身、活动的概念。但金都房产并不满足于环境建设建好,而希望在富春山居寻找一种生活文化,结合富阳历史文化、现代建筑文化、周围自然环境。自然、历史、人文、居住相结合。通过研究,既为富春山居建设提出建议,又为城郊住宅建设找出好的路子。

随后,由杭州市政协副主席、浙大艺术学院院长陈振濂牵头,由省内人文艺术学者林正秋、金晓明、卓军、张振常、王安祥等强大阵容组成的研究小组对金都·富春山居的景观建设进行了考察和研究。此次研究共历时一个月,课题组人员查阅相关的历史文献资料,对富阳的人文历史和黄公望的《富春山居图》,作了认真研究、思考,力图从历史与当代的两个断面作一番探索,最终提出了具有历史人文内涵的低密度住区景观设计原则:

(1)体现人文精神原则

人文景观不应是简单的机械式修建,不能生搬硬套。人文精神可以体现在山居的建筑、山水园林等方方面面。

(2)模糊性原则

景观建设并非要从历史中发掘文物进行复制,在具体的景观设计中可以将一些分散的历史传说和史料予以整合和再创造。

(3)简约轻巧原则

山居景观设计风格的总体把握以简约和清新自然为主,无论在造型、色彩等多个环节上都要把握住基调,不宜奢华和强烈的视觉感受,以保证作为别墅住宅区居住感觉的舒适性。

（4）非均衡性原则

由于山居是随地形而建，因此要充分利用自然地形地貌，在景点布局上避免均衡布局而影响自然节奏。

（5）参与性原则

在富春山居别墅园内，所有景观都是为业主服务的。要让业主在游览、欣赏之余还能参与，如垂钓、书画、乐器、下棋等。

（6）可操作性原则

景观在设计时考虑资金投入和施工操作的可行性，另一方面设计时考虑设计（思想）通过建设表述的可能性和完整性。

在以上原则的指导下，金都·富春山居对园区景观设计进行了调整，并已完成了铜雕《富春山居图》、"童叟垂钓"、"迟来的秋"及梦江亭等人文景观体系的创作。

**6. 社会反响与开发体会**

在营销上，金都·富春山居采取了分众营销的手段，针对性面向富春山居的潜在客户进行营销推广活动，如结合休闲派对、名车展等吸引收入较高的中产阶级人士，这种与许多楼盘采取大众营销的方式相比，更突出楼盘与众不同的形象。

因为规划的优秀，户型设计的创新，加上营销的成功，使得金都·富春山居具有非常大的社会影响力和吸引力。到目前，一期别墅已全部售完，二期的预售形势也非常理想。

国内各地的同行和建设部、省、市领导也多次到金都·富春山居考察参观，给园区的建设给予了肯定。特别是保护性开发的理念贯彻比较到位，开发建设对地形、水系、植被的破坏比较少，居住区与环境相互融合得比较好。经过总结，主要还有以下一些欠缺或遗憾：

（1）绿化的档次可以更高，特别是大树、名贵树种显得比较少；

（2）别墅单体缺少个性化强烈的精品建筑；

（3）用材用料可以更加丰富多彩，凸显个性；

（4）局部环境布置野趣不够，还是比较生硬，不够自然；

（5）自然能源的利用，如太阳能的使用考虑不周。

对于以上的欠缺，我们在后续的开发中尽量设法弥补，有些则已经难以补救，成为永久的遗憾。希望以上的开发经验能为各位同行提供一些参考，也希望得到专家和同行的批评指导。

**鸣谢单位：**

清华大学建筑学院
天津大学建筑学院
美国林业纸业协会
加拿大木业协会
美国龙安公司
北京工业大学
浙江金都房地产开发有限公司
首创置业北京枫树置业有限公司
北京埃姆斯特钢结构住宅技术有限公司
青岛迈华无比钢房屋开发有限公司
常州天合光能有限公司